少年中国科技·未来科学➕丛书【第一辑】

带球流浪太疯狂，不如寻找新地球

天文篇

(演讲)
夏志宏/苟利军/
高爽 等

格致论道／编

CTS K 湖南科学技术出版社

国家一级出版社 全国百佳图书出版单位

图书在版编目（CIP）数据

带球流浪太疯狂，不如寻找新地球 / 格致论道编. --
长沙 ：湖南科学技术出版社，2024.3
（少年中国科技·未来科学＋）
ISBN 978-7-5710-2778-0

Ⅰ．①带… Ⅱ．①格… Ⅲ．①天文学－青少年读物
Ⅳ．①P1-49

中国国家版本馆CIP数据核字（2024）第048403号

DAIQIU LIULANG TAI FENGKUANG, BURU XUNZHAO XINDIQIU
带球流浪太疯狂，不如寻找新地球

编　者：格致论道
出 版 人：潘晓山
责任编辑：刘竞
出　版：湖南科学技术出版社
社　址：长沙市芙蓉中路一段416号泊富国际金融中心
网　址：http://www.hnstp.com
发　行：未读（天津）文化传媒有限公司
印　刷：北京雅图新世纪印刷科技有限公司
厂　址：北京市顺义区李遂镇崇国庄村后街151号
版　次：2024年3月第1版
印　次：2024年3月第1次印刷
开　本：880mm×1230mm　1/32
印　张：5.625
字　数：130千字
书　号：ISBN 978-7-5710-2778-0
定　价：45.00元

关注未读好书

客服咨询

编委会

科学顾问（按姓氏笔画排序）：

汪景琇　张润志　欧阳自远　种　康

徐　星　黄铁军　翟明国

总策划：孙德刚　胡艳红

主　编：王闰强　王　英

成　员：刘　鹏　曹　轩　毕宏宇　孙天任

葛文潇　谷美慧　张思源　茅薇行

温　暖　杜义华　赵以霞

推荐序

　　近年来，我们国家在科技领域取得了巨大的进步，仅在航天领域，就实现了一系列令世界瞩目的成就，比如嫦娥工程、天问一号、北斗导航系统、中国空间站等。这些成就不仅让所有中国人引以为傲，也向世界传达了一个重要信息：我们国家的科技水平已经能够比肩世界最先进水平。这也激励着越来越多的年轻人投身科技领域，成为我国发展的中流砥柱。

　　我从事的是地球化学和天体化学研究，就是因为少年时代被广播中的"年轻的学子们，你们要去唤醒沉睡的高山，让它们献出无尽的宝藏"深深地打动，于是下定决心学习地质学，为国家寻找宝贵的矿藏，为国家实现工业化贡献自己的力量。1957年，我成为中国科学院的副博士研究生。在这一年，人类第一颗人造地球卫星"斯普特尼克1号"发射升空，标志着人类正式进入了航天时代。我当时在阅读国内外学术著作和科普图书的过程中逐渐了解到，太空将成为人类科技发展的未来趋势，这使我坚定了自己今后的科研方向和道路，于是我的研究方向从"地"转向了"天"。可以说，科普在我人生成长中扮演了非常重要的角色。

　　做科普是科学家的责任、义务和使命。要想做好科普，就要将人文注入大众觉得晦涩难懂的科学知识中，让科学知识与有趣的内容相结合。作为科学家，我们不仅要普及科学知识，还要普及科学方法、科学道德，弘扬科学精神、科学思想。中华民族是一个重视传承优良传统的民族，好的精神会代代相传。我们的下一代对科学的好奇心、想象力和探索力，以及他们的科学素养与国家未来的科技发展息息相关。

　　"格致论道"推出的《少年中国科技·未来科学＋》丛书是一套面向下一代的科普读物。这套书汇集了100余位国内优秀科学家的演讲，涵盖了航空航天、天文学、人工智能等诸多前沿领域。通过阅读这套书，青少年将深入了解中国在科技领域的杰出成就，感受科学的魅力和未来的无限可能。我相信，这套书将会为他们带来巨大的启迪和激励，帮助他们打开视野，体会科学研究的乐趣，感受榜样的力量，树立远大的志向，将来为我们国家的科技发展做出贡献。

欧阳自远

中国科学院院士

推荐序

　　近年来，听科普报告日益流行，成了公众社会生活的一部分，我国也出现了许多和科普相关的演讲类平台，其中就包括由中国科学院全力打造的"格致论道"新媒体平台。自2014年创办以来，"格致论道"通过许多一线科学家和思想先锋的演讲，分享新知识、新观点和新思想。在这些分享当中，既有硬核科学知识的传播，也有展现科学精神的事例介绍，还有人文情怀的传递。截至2024年3月，"格致论道"讲坛已举办了110期，网络视频播放量超过20亿，成为公众喜欢的一个科学文化品牌。

　　现在，"格致论道"将其中一批优秀的科普演讲结集成书，丛书涵盖了多个热门科学领域，用通俗易懂的语言和丰富的插图，向读者展示了科学的瑰丽多彩，让公众了解科学研究的最前沿，了解当代中国科学家的风采，了解科学研究背后的故事。

　　作为一名古生物学者，我有幸在"格致论道"上做过几次演讲，分享我的科研经历和科学发现。在分享的过程中，尤其是在和现场观众的交流中，我感受到了公众对科学的热烈关注，也感受到了年轻一代对未知世界的向往。其实，公众对科普的需求，对科普日益增加的热情，我不仅在"格致论道"这一个新媒体平台上，而且在一些其他的科普演讲场所里，都能强烈地感受到。

　　回想二十多年前，我第一次在国内社会平台上做科普演讲，到场听众只有区区几人，让组织者感到很尴尬。作为对比，我同时期也在日本做过对公众开放的科普演讲，能够容纳数百人甚至上千人的报告厅座无虚席。令人欣慰的是，随着我国经济社会的发展，公众对科学的兴趣越来越大，越来越多的家庭把听科普报告、参加各种科普活动作为家庭活动的一部分。这样的变化是许多因素共同发力促成的，其中一个重要因素就是有像"格致论道"这样的平台持续不断地向公众提供优质的科普产品。

再回想1988年我接到北京大学古生物专业录取通知书的时候，连这个专业的名字都没有听说过，甚至我的中学老师都不知道这个专业是研究什么的。但今天的孩子对各种恐龙的名字如数家珍，我也收到过一些"恐龙小朋友"的来信，说长大以后要研究恐龙。我甚至还遇到这样的例子：有孩子在小时候听过我的科普报告或者看过我参与拍摄的纪录片，长大后选择从事科学研究工作。这说明，我们日益友好的科普环境帮助了孩子的成长，也促进了我国科学事业的发展。

与此同时，社会的发展也给现在的孩子带来了更多的诱惑，年轻一代对科普产品的要求也更高了。如何把科学更好地推向公众，吸引更多人关注科学和了解科学，依然是一个很有挑战性的问题。希望由"格致论道"优秀演讲汇聚而成的这套丛书，能够在这方面发挥作用，让孩子在学到许多硬核科学知识的同时，还能够帮助他们了解科学方法，建立科学思维，学会用科学的眼光看待这个世界。

徐　星
中国科学院院士

目录

天文学到底是怎样的科学？

高爽
自由撰稿人、天文学传播者

天文学——"无用之学"?

说到天文，一些人可能首先会想到刮风下雨、阴阳五行、星座运势、算命占卜……如果这么想，那对天文学的误会就实在太深了。实际上，这些东西和天文学一点儿关系都没有。还有人可能会想到外星人：外星人虽然和天文学相关，但是现在还没被人类发现。那么，天文学到底是研究什么的呢？

天文学研究的是我们这个宇宙本身。地球和月亮如何形成？太阳系的"九大行星"为什么变成了八个？银河系里面还有多少颗恒星像太阳这样发光发热？宇宙里还有多少个银河系这样的星系？宇宙如何诞生并演化成今天的模样？还有没有与地球类似适合生命存在的行星？它们有多少、在哪里？这些都是我们想探寻的。

被从九大行星中"开除"的冥王星

天文学研究的这些课题似乎都特别"高大上"，与生活没什么关系，丝毫不"接地气"。这么一看，天文学好像是纯粹的"无用之学"，只能满足一小部分人对宇宙的一点点好奇心。

　　天文学没法帮国王和将军攻城略地，不能让农作物更好地生长，难以使猪马牛羊更快地繁殖，也不能促进商品销售，更不可能让铁路提速、房价下降。这样一种"无用之学"发展到今天，靠的是什么呢？

天文学的发展：从手绘星图到射电望远镜

天文学——最不像科学的科学？

　　天文学最奇怪的地方在于它是最不像科学的科学。

　　提到"科学"这个概念，大家头脑中会浮现什么形象呢？可能是一个头发白了、胡子白了、眉毛也白了还穿着白大褂的人，在一尘不染的实验室里面做实验。的确，科学跟实验密不可分。正因为实验的存在，科学和胡说八道才截然不同。

　　怎么研究物理学呢？当然要做实验。在实验室里，物理学家可能运用电路、小车对撞或者激光做实验，还有规模更大的粒子对撞

位于欧洲核子研究中心的大型强子对撞机（LHC）

机、加速器。化学研究也是如此，化学家使用试管、烧杯等器材，混合各种试剂，形成反应并做出分析。生命科学是怎么研究的呢？解剖兔子、老鼠，在显微镜下观察细胞、病毒或者细菌，这也是在做实验。研究地质科学也需要到野外，甚至到南极去找一块石头回来做实验。

唯独天文学与众不同，同样属于基础自然科学，天文学却无法做实验。我们不可能跑到太阳附近切一刀，取一小块太阳回来分析成分；也不可能在地下建一个大实验室，然后一按开关就制造出黑洞、星系，或者宇宙2.0版本。

天文学家——最保守的一群人

作为一门科学，天文学却不能做实验，我们凭什么相信它的理论就是对的？天文学通过什么方式让自己站得住脚、自圆其说呢？

答案就是靠天文学和天文学家独特的思维方式，靠理论、模型之间相互"商量"。

提到天文学和宇宙，大家可能都听过一个词叫"宇宙大爆炸"。我们的宇宙起源于一次大爆炸，现在还在继续膨胀。最早提出这个概念的人是出生于100多年前的比利时天文学家乔治·勒梅特。天文学家之外，勒梅特的第二职业是天主教神职人员。他一边研究天文，一边负责宗教事务。因此，科学界都不相信他："如果非要说宇宙起源于一次大爆炸，那也就是说宇宙有个起点，它竟然有开始的那一天。那么这一天之前的时间和空间呢，你是想留给上帝吗？"

勒梅特的科学家身份受到质疑，这位天文学家面临着现实挑战。他的解决办法就是用模型跟其他模型建立联系。

勒梅特先从广义相对论推导出宇宙大爆炸的结论。然而，提出

乔治·勒梅特（中）与实验物理学家罗伯特·安德鲁·密立根（左）和著名物理学家爱因斯坦（右）

广义相对论的爱因斯坦本人也不相信这个结论，他宁愿承认自己错了，只要改改自己提出的方程式就好，也不想接受宇宙大爆炸这个结论。至此，宇宙大爆炸充其量只能算一种科学假设、假想、假说，想要获得承认，勒梅特还得继续"商量"，继续建立联系。

这时，一位名叫爱德文·哈勃的天文学家有了新发现。他用望远镜观测遥远的星系时，发现大量星系都在往远处跑，不断远离我们，而且计算结果显示离我们越远的星系往远处跑的速度越快。如果现在星系在不断往远处跑，那么让时间倒退，星系就会逐渐靠近。如果时间倒退回某一个起点，那么所有物质就都聚到一个点上，这不就能证明宇宙大爆炸和宇宙膨胀吗？

宇宙大爆炸不仅与哈勃观测的模型建立了联系，还嵌入了光谱的红移模型和特殊恒星亮度变化的模型。哈勃观测时，不是用望远镜直接看出一个星系在远离，而是观测到它的光谱谱线整体上朝着红色也就是长波那端位移，偏移得越多，说明速度越快。

那我们又怎么知道距离远近呢？通过测量宇宙里某些特殊的恒

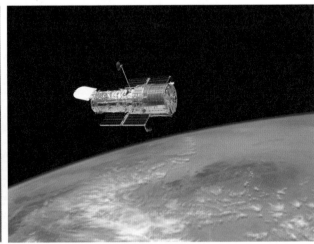

爱德文·哈勃和以他的名字命名的哈勃空间望远镜

星。这种恒星的亮度存在规律，所以我们就能知道它是更远还是更近一些。

宇宙大爆炸理论的背后存在大量模型，而且不止于此。有了宇宙大爆炸模型，我们就可以预言恒星到底什么时候开始形成，恒星中有怎样的化学成分。这样，宇宙大爆炸模型又嵌套了恒星结构的模型。如果宇宙大爆炸确实存在，那么大爆炸瞬间产生的能量现在去哪里了呢？它们是不是留下了什么遗迹？所以宇宙大爆炸又嵌套了热辐射和宇宙微波背景辐射的模型。

宇宙大爆炸是这样一个全新的事物、一种被质疑的模型，想站得住脚，就要拉拢一大堆模型替它说话。这就是天文学家的工作方式。

总而言之，天文学不是靠提出全新的、革命性的东西颠覆已有认识，而是尽可能地把自身嵌入传统理论当中，这也是天文学的一种基本特征。所有的天文学家都不喜欢单打独斗，而是喜欢团队作战、抱团取暖。由此我们推导出一种结论：天文学不是刻板印象中

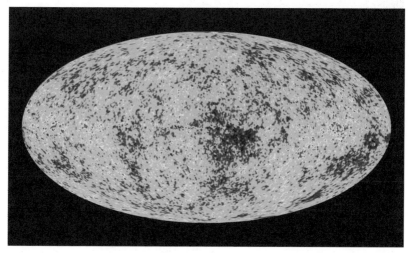

根据威尔金森微波各向异性探测器（WMAP）的数据得到的宇宙微波背景图像

总是在革命、在推翻的科学，它反而是最保守的科学，天文学家也是最保守的一群人。

天文学——超越认知的尺度

除了不能做实验，研究天文学还有困难之处，那就是天文学的尺度太大了，远远超出我们靠人类的生活经验能够理解的尺度。

一名小学老师曾经闹过这样一个笑话：为了锻炼孩子们的耐心，他给同学们留了一个家庭作业——回家和爸爸妈妈一起数一亿粒大米，然后装到袋子里第二天带到学校。有的家长细心算了一下，发现若要数到一亿粒大米，把附近超市的大米买空都不够，因此这是根本无法完成的作业。

这个笑话说明一个问题：在生活中，我们遇到极大尺度的东西时，可能根本没有概念，往往不知道它们意味着什么。

造访地球的哈雷彗星，摄于 1986 年 3 月 8 日的复活节岛

先举一个时间尺度上的例子。有一颗很著名的彗星叫哈雷彗星，它因最早被天文学家埃德蒙·哈雷发现而得名。作为一颗周期性彗星，它每隔76年就会造访地球一次。

哈雷彗星上次拜访我们是在1986年，所以很多天文学的老师、同学和研究者都在那时看到了哈雷彗星，也成为点燃一代天文学家梦想的契机。

埃德蒙·哈雷怎么知道这颗彗星会76年回来一次呢？他并没有亲眼看见，而是靠猜测。哈雷发现历史上有两次记录彗星的描述

未来科学 ✛ 天文篇

很相似，所以他猜测这两次记录的可能是时隔多年到访的同一颗彗星。为了验证猜测，天文学家们计划再等待76年，可惜哈雷本人没有等到这一天就离开了人世。短短76年，人的一生就耗尽了。

宇宙中还有更大的时间尺度，甚至已经超过人类的理解能力。

从2019年冬天开始，猎户座左肩上的一颗恒星受到了天文爱好者的广泛关注。这颗颜色很红、体积巨大的恒星被称为红超巨星。这颗恒星已经走到了生命的终点，即将进入超

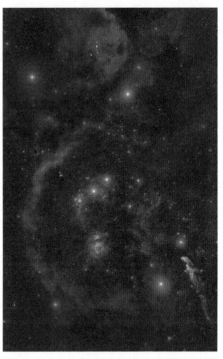

猎户座，左上方的亮星就是即将进入超新星爆发阶段的参宿四

新星爆发阶段。一旦爆发，这颗恒星就消失了，猎户座就失去了一侧肩膀。

天文学中说的"很快""即将""马上"与我们日常谈论的可不一样。在天文学中，从几千年到几十万年都可能被算作"很快""即将""马上"。所以天文爱好者们可以放心，明年大家肯定还能看见这颗星星。

除了极大的时间尺度，天文学中还有夸张的空间尺度和能量尺度。目前可观测的宇宙直径超过900亿光年，而太阳一次微不足道的喷发释放的能量就超过地球上所有武器能量的总和。

正是如此庞大的天文学尺度，阻碍了我们更深刻、更直接地理解宇宙。

天文学家的终极武器——想象力

在天文学研究中，人们获取信息的渠道非常有限。既不能做实验，也不能制造另一个宇宙，天文学家们只能被动地观看。因此，天文学长久以来的发展就靠一种东西——望远镜接收到的少量光子。近年来，科学家探测到一点点引力波，也捕捉到了一点点中微子，但是绝大部分天文学研究还是靠光。

问题出现了：如果天文学家关心的那个天体根本就不发光，或者它发的光还未来得及被人类看见，没有办法马上接收到它的信息，那么天文学家就一筹莫展了。因此，天文学家观测到的那一点点光子、得到的那一点点数据都无比珍贵。

要解决这个问题，天文学家靠的是想象力这个终极武器。

研究严肃的科学，需要的终极武器竟然是想象力？没错，对想象力丰富的研究者来说，即使是缝被子也能让人想象到针尖上的宇宙。

赫伯特·乔治·威尔斯

一个多世纪以前，赫伯特·乔治·威尔斯写了一部非常著名的科幻小说叫《世界之战》，讲述了火星人和地球人的战争故事，并于1953年被拍成了电影。2005年，导演史蒂芬·斯皮尔伯格再次将这个故事搬上银幕，此时天文学家已经对火星有了更深刻的认识，知道火星目前不适合生命存在，因此影片中长着八只脚的巨大怪兽不再作为"火星人"出现，而是被改为从更遥远的地方来，火星只是它们的基地。近些年，也有越来越多科幻作品采用了平行宇宙这类概念，足见天文学的发展也带动了人们想象力的发展。

从牛顿的发现到爱因斯坦的研究，人类好不容易了解了引力是怎么回事，以及天体在引力作用下如何沿轨道运转，但在观测遥远星系的时候，人们却发现围着星系运转的恒星状态不对劲：按这么快的速度转下去，它应该飞离、应该散架，事实却不是这样。这说明那个星系里还藏着一些我们看不见的东西，它提供的引力把大家束缚住了。

为了解释这件事，天文学家就开动想象力，设想了一个概念叫"暗物质"。需要解释的是，暗物质只是当今天文学的主流模型，还有很多人不相信这一理论，这些人则用另外的方式来解释以上事件。

面对这个想象出来的暗物质概念，我们既不知道它是什么，也看不见它什么样，对它的本质一无所知，只能适应和接受这个概念。然而，近两年科学家们又发现两个不含暗物质的星系，这该怎么办？未来的新发现会如何激发出人类新的想象力，我们今天也不知道答案。

在人类还没有发明望远镜的时候，我们只知道地球和其他五颗行星：水星、金星、火星、木星、土星。借助望远镜，我们后来又发现了天王星、海王星、冥王星。然而，很快我们又发现冥王星旁边还有好多可能比冥王星还大的星体。我们对行星的认识因此得到更正，太阳系行星的概念也被重新想象，因此"九大行星"才变成了"八大行星"。

未来某一天，我们很可能又观测到新的现象，有新的发现，那么想象力也必须进一步升级换代。也许未来太阳系的行星数量还会发生变化。

天文学就是这么奇怪。如果人类要想继续突破想象力的极限，不如多多学习天文学。在这个最大的"试验场"里，没人会否认天文学的研究对象也是最庞大的。

　　如果你不想停下探索的脚步，那天文学将是你最理想的目的地。

思考一下：

1. 为什么说天文学家是最保守的一群人？

2. 宇宙的尺度虽然巨大，科学家们仍然不断追求，这给你什么启示？

3. 从科幻作品到天文概念，我们的想象力激发了无数新发现，对此你有什么看法？

演讲时间：2020.7
扫一扫，看演讲视频

在每个人身上，看见130亿年前的宇宙

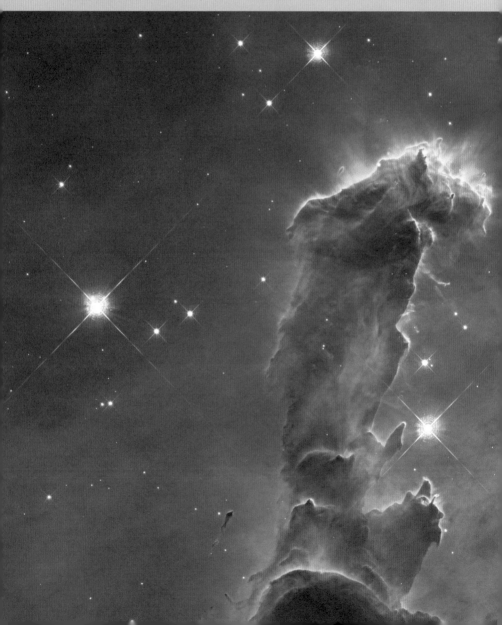

李海宁
中国科学院国家天文台研究员

天上的星星告诉我们的不仅有遥远星光的秘密，还有生命物质起源的故事。

心情不好的时候，每一个妈妈只要看一眼孩子就会觉得一切都会过去，而研究天文学的妈妈在孩子的身上还能看见一件很奇特的东西，那就是130亿年前的宇宙。

孩子的身体和大人一样，由很多种元素构成，其中最重要的有6种，包括水里的氢和氧、有机物里的碳、牙齿和骨骼里的钙、蛋白质里面的氮，还有给我们细胞供能的磷。小小的孩子身体里的元素，其实已经在宇宙时空里穿越了百亿年时间。

元素，是代代恒星继承的宇宙遗产

故事要从20世纪40年代开始讲起，那时候的人们只知道大爆炸产生了氢、氦和锂，对于其他元素从何而来一无所知。

这时一个叫弗雷德·霍伊尔的英国天文学家站了出来，他提出是恒星产生了所有元素，还发表了一篇文章，但是在学术界并没有引起太多关注。于是他又找来了三个非常厉害的帮手——天文学家伯比奇夫妇和核物理学家威廉·福勒，四个科学家努力了好几年的时间，终于在1957年发表了一篇重要的文章，完整描述了一套恒星如何合成元素的理论。恒星的内部就是一个高温、高压的宇宙熔炉，我们在元素周期表上所能看到的所有元素都是在这里产生的。

这篇文章既没有抓人眼球的标题，也不是发表在《自然》（Nature）上，却对学界产生了重要影响，作者之一的威廉·福勒更是赢得了1983年的诺贝尔物理学奖。虽然很可惜得奖的不是霍伊尔，但是他非主流的观点确实刷新了我们对于宇宙起源的认知。

那么，这些元素究竟是如何穿越百亿年时间，来到太阳系，最后进入我们身体中的呢?

大约在137亿年前的某一刻,宇宙大爆炸发生了。大约3分钟后,宇宙产生了大量的氢、一些氦和极其微量的锂。随后,这锅大爆炸"浓汤"开始冷却,冷却了大概2亿年之后,宇宙里出现了第一代恒星,它们开始制造新的化学元素。

这些恒星明亮而庞大,它们用极其壮烈的方式——超新星爆发,结束了自己短暂的一生。它们产生的化学元素被喷射到四面八方,并且遗传给了下一代恒星。一代又一代恒星就这样前仆后继,使我们宇宙中化学元素的种类和数量不断增加。直到有一天,这些元素恰好形成了太阳系里的生命,我们就出现了。

正因如此,科普作家马库斯·乔恩才在《魔法熔炉》一书里写道:"血液里的铁、骨骼里的钙,我们每一次呼吸时充满肺部的氧……它们都来自恒星深处炽热的熔炉,当恒星变老、消亡,这些元素就散入太空。我们每个人都是那些死去已久星星的纪念。"

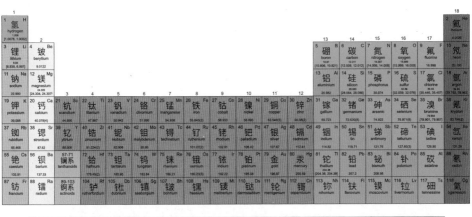

大家熟悉的元素周期表

在大家熟悉的元素周期表上，各种元素令人眼花缭乱。天文学家却发明了一张特别的元素周期表，在这张表中，不仅是日常概念中的金属，他们还把所有比氦重的元素全部称为"金属"。这些"金属"元素的总和，就叫作金属含量。

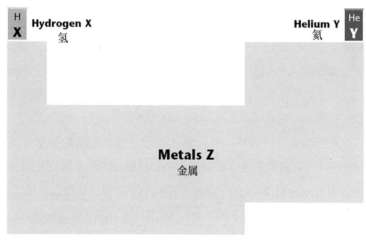

天文学特供元素周期表

随着宇宙不断变老，金属含量的"雪球"也越滚越大。每一代新诞生的恒星，它们身体里的金属含量都会比它的上一代多一点点。直到今天，这些年轻的恒星已经继承了成千上万代恒星的遗产，它们体内的金属含量已经是130多亿年前老祖宗的200万倍。如果有一天你恰巧发现一颗金属含量很低的恒星，那么就恭喜你看到了宇宙的极早期。

受限于现在的观测能力，第一代恒星对我们来说就像黄帝和尧舜一样，只是一个传说。我们现在能够直接观测到的最古老的恒星其实是它们的直系后代，这些恒星还来不及收集多少金属，所以被称为贫金属星。别看这个名字不怎么样，但是贫金属星对于了解宇宙演化具有非常丰富的意义。

如果假设现在的宇宙有100岁，那么这些贫金属星出生的时候，宇宙还没有上学，所以在它们的身体里隐藏了许多宇宙"婴幼儿时期"的重要信息。这也是为什么天文学家亲切地称它们为"宇宙化石"。

关于人类生命元素的起源还有很多疑问：血液里的铁、骨骼里的钙，它们第一次产生在宇宙中是什么时候？

在古老恒星中探索元素和生命奥秘

宇宙早期的化学成分与今天我们认识的元素相比，是否有相似之处？提取这些贫金属星的化学成分就是获得答案的唯一途径。显然，我们不能把星星搬回实验室来研究，所以天文学家要用望远镜观察它们。

说到观星，天文爱好者可能已经跃跃欲试，璀璨浩瀚的星空也会缓缓浮现在每个人的脑海中。

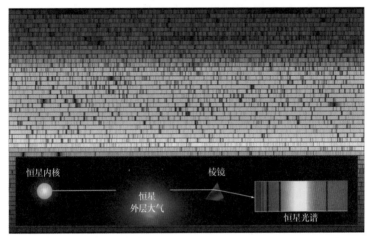

恒星光谱（背景）与获得方式示意图

然而，天文学家眼中的星空跟大家想象的不太一样，他们看到的其实是一条二维的恒星光谱（上页图）。在恒星光谱中，横向的每一层表示我们眼睛所能看到的不同颜色的星光；竖线则显示出炙热星光穿过较冷的外层大气时，在特定的波长被吸收的情况。也就是说，图中每一条暗线，都是某一种元素在星光里给我们留下的特定信息。

　　巧合的是，恒星二维光谱和人类的基因图谱也有几分相似，所以说恒星光谱隐藏了恒星的基因一点都不为过，可是我们该怎么提取这些"基因"呢？

　　这就要用到在天文研究中更常见的一维光谱了（下图）。

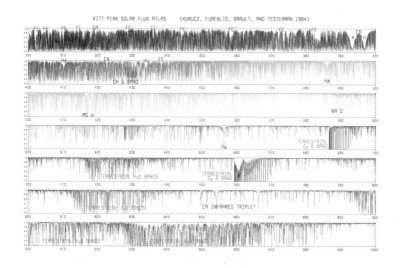

KITT PEAK SOLAR FLUX ATLAS　　(KURUCZ, FURENLID, BRAULT, AND TESTERMAN 1984)

　　即使是最好看的一维光谱，看起来也很单调，甚至可能会触发"密集恐惧症"。可是千万别小看它，它的作用非常大。

　　通过测量光谱中谱线的强度，我们不仅可以知道这颗恒星制造的元素种类和数量，还可以结合恒星外层大气的情况判断出这颗恒星的年龄、体重、出生地，以及最近是否和附近恒星发生过激烈的

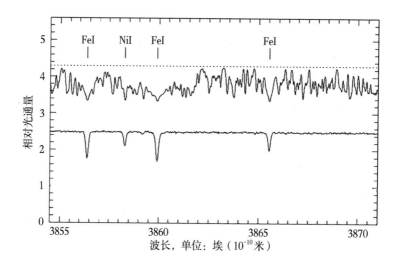

冲突。因此，恒星光谱是我们刺探恒星秘密、提取恒星DNA的一大神器。

比起和太阳年纪差不多的年轻恒星，还是贫金属的古老恒星身上隐藏了更多宇宙早期的秘密。而且在恒星光谱分析中，最耗时费力、最容易让人崩溃的就是测量谱线，贫金属星的光谱里谱线很少，也可以省掉很多测量谱线的时间。然而，科学研究可不允许人打"如意算盘"，和太阳相似的年轻恒星很好寻找，但是贫金属的古老恒星却"一星难求"。

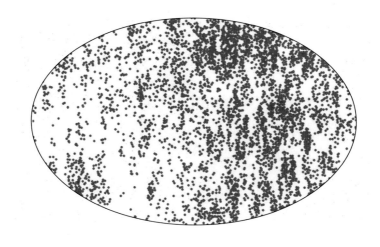

上页下图中每一个点都代表一颗恒星，在太阳附近随便划拉一把，就能找到这么多恒星。可是蓝色的点全部都是年轻恒星，只有红色的点才代表贫金属星。你能找到红色的点在哪里吗？

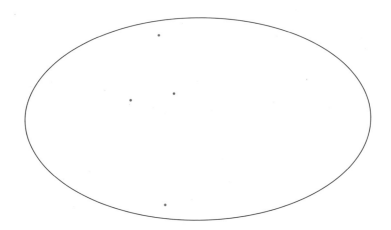

幸运的是，天文学家们也有一个得力助手，就是我们国家设计并且建造的郭守敬望远镜。它是一个不折不扣的观星能手，只要眨一下眼睛，就能拍下3000多颗恒星的光谱。它花了5年的时间，获得了900多万条的天体光谱，可谓帮天文学家大捞了一笔"宇宙财富"。

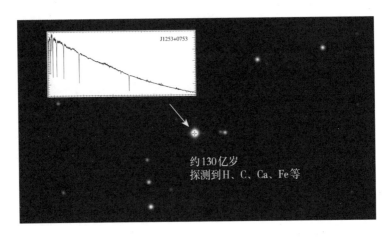

约130亿岁
探测到H、C、Ca、Fe等

在这笔"光谱横财"中，一颗极其古老的超级贫金属星令人惊喜地出现了。这颗恒星差不多有130亿岁，几乎和宇宙本身的年纪不相上下。在当时的恒星发现领域，它的年老程度已经排进了世界前20名。然而奇妙的是，这颗恒星的光谱里居然探测到了氢、碳、钙、铁，这些元素可都是对我们人体生命非常重要的元素。所以，我们身体里面的这些元素，比人类整个进化历史古老得太多太多。

与忧郁的贫金属星相伴

想仔细观察这颗贫金属星的光谱，就需要用到世界上最大的望远镜。北半球最适合天文观测的地方在哪里？答案就是夏威夷。

说到夏威夷，大家可能马上就想到阳光、沙滩、海浪和摇曳的草裙舞，然而去大本营观测的天文学家在这里却只能做一个安静的天文学家。他们需要在这个海拔2800米的大本营适应一两个晚上，

8.2米口径昴星团望远镜

然后奔赴海拔4200米的莫纳克亚山顶进行观测。

这个山头上聚集了世界上众多"高端大气上档次"的望远镜，其中一台就是我们最经常使用的昴星团望远镜，它的口径足有8米多，是名副其实的庞然大物。

使用望远镜时，我们通常会进入"观测室"，从当天下午5点

在观测室工作的天文学研究者们

一直待到第二天早上7点。在此期间，我们在这里控制望远镜，挑选要观测的星星，并且检查得到的观测数据。

这个房间看似并不豪华，可要维持它运作的费用高到令人咋舌——每晚8万美元。

第一次去的人往往觉得特别新奇，如此价值不菲的地方一定要好好转一转。然而，太激动了也会乐极生悲。曾经有一名来自美国的观测员，由于第一次来观测过度兴奋，在海拔高达4200米的观测室里猛地站起来，结果后半夜只能躺着完成观测了。

在这里，关于贫金属星的第二个惊喜出现了。

在一次观测期间，第二天的天气并不好，看不见任何星星，所以观测员们只能停止工作，开始聊天。到了凌晨3点钟，聊天气氛越来越尴尬，为了不浪费一晚8万美元的经费，大家开始"玩"前一天的光谱数据。

在分析数据的过程中，我发现一条光谱有点问题，在下图

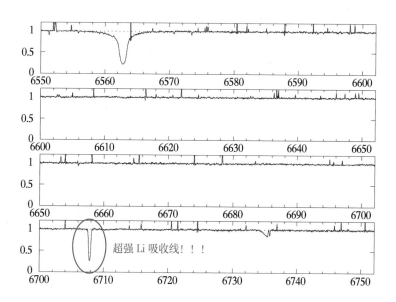

超强 Li 吸收线！！！

红圈中波长6700埃的地方。这里不应该有任何谱线。经过反复排查，我们最后证明这不是数据的错误，而是一条真实存在的非常强的锂（Li）吸收线。为什么探测到锂吸收线会让人这样激动呢？

对人体来说，锂是一种微量元素，但也是非常重要的生命动力元素，它是唯一一种产生于宇宙大爆炸的金属元素。虽然恒星内部可以合成锂，但是恒星合成的锂寿命非常短，几乎不能存留多久。因此，现在为我们的手机和新能源汽车供能的锂，甚至是地球上最大的锂矿，全都来自大爆炸的最初3分钟。

对恒星而言，锂也是一种微量元素，所以我们在光谱中通常只能看见很弱的锂吸收线，甚至根本看不到。经典理论和以往观测的数据也告诉我们，贫金属星的锂含量尤其低。

这就是我在贫金属星光谱里看到这么强的锂吸收线会如此意外的原因。

在后来一年半的时间里，我们又陆续找到了好几颗这样奇怪的贫金属星。这些家伙的锂含量比正常值远远高出几十倍甚至上百

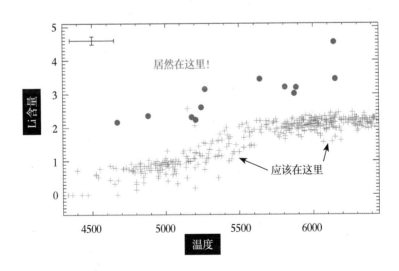

倍。发现这个事实的时候，我的第一反应是"经典理论即将受到挑战了"，可是也有一名理论研究的合作者提醒我这些锂的来源还有其他可能性：比如这颗贫金属星旁边有一个很喜欢收藏锂的"邻居"，因此贫金属星靠近它的时候就"顺手牵羊"了；或者有一颗携带很多锂的小天体恰巧经过这颗贫金属星，被它一口吃进了肚子里。

伴随着忐忑的心情，我检查了所有数据，幸运的是没有任何证据支持以上可能性。我终于可以给观测学家制造一点麻烦了。很快，我们的发现被《科学新闻》（Science News）杂志报道了，为此我还高兴了好几天。

锂不仅是电池的原材料，还是治疗抑郁症、缓解情绪的药物的主要成分，因此缺乏锂元素的贫金属星常被我开玩笑地称为"忧郁小星星"。现在这些贫金属星突然得到了这么多锂元素，不知道它们的心情变好了吗？我不知道答案，但能确定理论研究者应该要郁闷一阵子了。

我和贫金属星相伴已有10年了，一开始我为自己制定的小目标是处理一两百颗恒星就好，但是10年过去，我竟处理了近千万颗恒星的数据，测量了上亿条谱线的强度。

如今我们已经了解，即使在最古老的恒星中，我们也能探测到对人类生命来说非常重要的氢、氦、碳、氮、氧、钙、铁、锂等元素，而我们之前一直难觅踪影的磷，近几年也在快百亿岁的古老恒星中被发现了。

所以我仍然很好奇，我们的宇宙究竟在什么时候第一次达成了化学上的成熟，形成了生命？为什么总有人说，只能在像太阳这样的年轻恒星附近才能发现有生命的行星系统？宇宙会不会在极早期就已经形成了我们还不知道的最早生命呢？

当然，这些谜团都需要更多贫金属星来帮我们解答。支持我在这条通往130亿年前的宇宙道路上继续走下去的就是，我一直相信，这些看似不起眼的年老的星星，一定会在未来的某个时刻带给我们出乎意料的新惊喜。

思考一下：

1. 元素是一次性产生的还是代代"遗传"增加的？
2. 为什么在恒星光谱中发现非常强的吸收线会让科学家感到惊喜？
3. 关于人类生命起源和元素的关系，你有什么思考？

演讲时间: 2018.3

扫一扫，看演讲视频

恒星并不永恒，
但它生生不息

张君波
中国科学院国家天文台助理研究员

《流浪地球》的故事就围绕阻止地球坠入木星展开

2019年大年初一上映了一部非常精彩的科幻电影，叫《流浪地球》。

在这部电影中，太阳已演化到了晚期阶段，进入红巨星阶段（原著中还提到氦闪导致的剧烈爆炸），100年内膨胀的太阳将吞没整个地球，300年后太阳系将不复存在。为了让更多人活下去，"流浪地球"计划启动了，人们在地球表面建造了一万座"行星发动机"，以此将地球作为一艘宇宙飞船，带领地球生命驶离太阳系，飞向距离我们最近的恒星——4.2光年外的比邻星，故事就在这个过程中发生了。

什么是红巨星？什么是氦闪？想解答这些问题，就要在天文学中非常重要的研究方向——恒星形成及演化理论中寻找答案。

地球上的沙粒，宇宙中的恒星

我们首先要了解什么是恒星。恒星是一种常见的天体，它是凭借自身引力凝聚成的能自发光的球体。离地球最近的恒星就是我们熟悉的太阳，太阳的半径约为70万千米，是地球半径的109倍，体积是地球的130万倍。

虽然太阳是距离我们最近的恒星，但它与地球的距离也有1.5亿千米。宇宙中公认的最快速度是真空中的光速——大约每秒30万千米，即便如此，光从太阳表面抵达地球表面也需要500秒（约

8.3分钟）。大家走到户外，看到的太阳光其实是8.3分钟之前太阳发出的光。此时此刻，太阳发生的任何变化，我们都需要再等上8.3分钟才可以看到，可见日地距离非常遥远。

通过分析太阳的光谱，天文学家得知太阳的大气中70%是氢，28%是氦，2%是重元素。

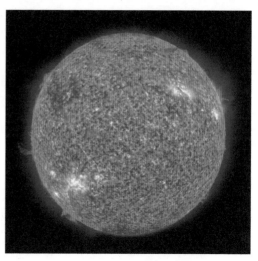

离我们最近的恒星就是太阳

其实，太阳在银河系中是一颗非常普通的恒星，它不算大，甚至能称得上有一点点小。银河系长什么样？我们最初是不知道的。苏轼在《题西林壁》里写到"不识庐山真面目，只缘身在此山中"，我们生活在银河系，因此无法跳出银河系给它拍一张照片。但是通过观测研究，我们发现银河系是一个棒旋星系，我们的邻居仙女座大星系正好也是一个棒旋星系，于是天文学家根据观测以及一些理论，结合我们能看到的一些棒旋星系的模样，构想出了银河系大概的样子：有一个明亮的核球，有银盘、银晕，还有多个旋臂。而我们的太阳系就位于一个叫作猎户座的旋臂上。

银河系有多少颗恒星呢？据统计，大概有2000亿～4000亿颗恒星。仙女座大星系无论从质量还是从半径来看，都比银河系大一倍，这意味着仙女座大星系至少拥有4000亿颗恒星。

宇宙中到底有多少颗恒星？初步估算一下，宇宙中大约有上千亿个星系，每个星系大约有上千亿颗恒星，整个宇宙包含了大约10^{22}量级的恒星。

不妨来想想地球上的沙粒吧，这些微小的颗粒似乎数也数不尽。

仙女座大星系 M31

艺术家创作的银河系图像，展示了银河系的结构

但据统计，地球上约有10^{18}量级的沙粒，也就是说宇宙中恒星的数目比地球上的沙粒还多得多。

从恒星宝宝到老年红巨星

恒星的数目如此之多，似乎我们拿起望远镜随便向天空的一隅一扫，就可以"捞到"大把恒星。

科研人员通过大量恒星研究发现，恒星与地球上很多生命一样，存在生命周期，也就是说它们会经历出生和死亡的过程。那么恒星宝宝是怎么诞生的呢？实际上，恒星宝宝起源于一团尘埃和气体云。气体云存在内部分布不均匀的情况，密度较大的区域会吸引周围的气体，使该区域质量逐渐增大，然后形成一颗原恒星。

巨蛇南原星团由相对密集的 50 颗年轻恒星组成，其中 35 颗是刚刚开始形成的原恒星或恒星宝宝

根据牛顿万有引力定律，万物之间存在引力作用，人和人之间也有，但我们为什么感觉不到呢？因为人体的质量太小了，只有质量大到一定程度，引力的作用才会非常明显。

原恒星形成之后，就像越滚越大的雪球，当它的质量累积到一定程度，其内部的温度、压强、密度都会达到极高水平，直到将原恒星内部的氢点燃，发生核聚变。至此，一颗恒星宝宝就诞生了。

宇宙中恒星的数目和种类很多，就以人类最熟悉的太阳为例，看看恒星的一生吧。

太阳宝宝的诞生，意味着它内部启动了氢核聚变。氢燃烧之后，太阳会进入一个非常稳定的阶段，叫主序阶段。

主序阶段的恒星为何处于稳定状态？恒星内部不断燃烧氢，氢核聚变会生成更重的氦，氦会沉积在恒星的内部。在这个核聚变过程中，恒星辐射出大量能量，会使恒星有一个向外膨胀的作用力；同时，恒星的质量非常大，因此在重力的作用下恒星又受到向内收缩的力。两种力达到平衡后，就形成了一个稳定的阶段。现在太阳就处在一个稳定燃烧的主序阶段。据天文学家研究计算，太阳已经稳定燃烧了45亿年，而且还将继续稳定燃烧50亿年。

恒星并不永恒，但它生生不息

总有一天，太阳内部的氢会耗尽，那一刻会发生什么呢？当恒星内部的氢燃烧烧殆尽并生成氦，此时氦暂时无法点燃，它们会占据恒星内部，氢则跑到恒星外部，燃烧就从恒星内部转移到恒星外部，这就打破了原有的平衡。于是太阳便会向外扩张，成为一个又大又红又亮的恒星。这个阶段被称为红巨星阶段。

　　红巨星的半径非常大。对太阳来说，当它演化到晚期红巨星阶段时，它的半径将覆盖水星、金星的轨道，甚至会到达地球附近。面对能量如此巨大，温度也非常高的太阳，地球将不复存在。

氦闪与恒星的死亡

　　氦闪实际发生在恒星演化到红巨星晚期的时候。随着红巨星内部温度不断升高，最终中心部分的氦被点燃了，氦的燃烧非常快，在短短数秒钟内就能够释放出大量能量，这个过程便称为氦闪。

　　《流浪地球》原著小说描述的氦闪过程非常震撼，但氦闪的过程实际发生在恒星内部，我们通常看不到那样震撼的场面。小说写到人类为了避免氦闪才开始了逃亡计划，这并不算合理，实际上在太阳演化成红巨星之前，人类就应该做好逃亡的准备。如果在氦闪之前才准备逃亡，地球可能早已被红巨星吞没了。

　　太阳还将稳定燃烧50亿年，我们无须担心太阳老了之后会毁灭地球，反而更应该担心人类自己会因为缺乏保护地球生态环境的意识而毁掉地球。如果我们不注意碳排放量，导致全球温度升高，造成冰山融化，很可能在太阳引起地球变化之前，地球就因为人类的种种活动毁灭了，所以保护地球还是首要任务。

　　恒星并非和它的名字一样永恒不变，它也会死亡。太阳这样的

类型	颜色	质量	寿命
O	蓝白	40 M⊙	300万年
B	蓝白	6.5 M⊙	8000万年
A	白	2.5 M⊙	15亿年
F	淡黄	1.3 M⊙	50亿年
G	黄	1 M⊙	100亿年

太阳现在年龄约为45亿年!

K	橘	0.7 M⊙	350亿年
M	红	0.2 M⊙	2500亿年

恒星，在演化到红巨星阶段时就濒临死亡了。天文学家分析发现，恒星的寿命确实有限，而且它的寿命和质量有密切的关系。一颗和太阳质量相近的恒星，其寿命大概在百亿年的量级上。

那么质量更大或更小的恒星情况如何呢？一颗质量是40倍太阳质量的恒星，它的寿命仅有300万年；而一颗质量是太阳五分之一的恒星，它的寿命将有2500亿年。

恒星的质量不仅决定了它的寿命，同时也影响着它的颜色。大质量恒星通常发出偏蓝白的光，小质量恒星发出的光往往偏红。不同颜色的恒星温度也不同，发出蓝白色光的恒星温度比较高，发红光的恒星温度相对较低。根据恒星光谱的能量分布，天文学家将恒星分成很多不同的光谱型，我研究的领域就是与太阳类似的晚型恒星。

恒星的质量决定了恒星的演化轨迹和状态，也决定了恒星最终的归宿，即恒星死亡后的产物。对于中小质量恒星，比如质量小于8个太阳质量的恒星，它们演化到晚期时会变成一颗红巨星。随后，红巨星会将周围的物质抛射出来，形成行星状星云，最后只留下核心处一颗体积很小、密度很大的星体——白矮星。

就大质量恒星而言，它们演化到晚期会转变成红超巨星并发生超新星爆炸，之后留下的是中心极小的核。如果它原来的质量大于8个太阳质量且小于20个太阳质量，最终的产物将会是中子星；如

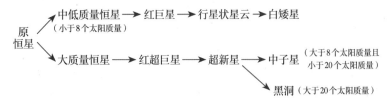

恒星演化

原恒星 → 中低质量恒星（小于8个太阳质量）→ 红巨星 → 行星状星云 → 白矮星

原恒星 → 大质量恒星 → 红超巨星 → 超新星 → 中子星（大于8个太阳质量且小于20个太阳质量）

超新星 → 黑洞（大于20个太阳质量）

果原来的质量大于20个太阳质量，那么超新星爆炸后中心就会留下一个黑洞。

　　假如我们能够从白矮星上挖下篮球大小的一块物质放在天平的一端，那么要想让天平保持平衡，另一端恐怕要放一艘航海巨轮，可见白矮星的密度之高。假如有一双手可以伸到黑洞里挖下玻璃球一样大的小球，那么这颗小球将会和地球一样重。

观测恒星，了解恒星

　　研究晚型恒星时，我首先需要用天文望远镜拍摄恒星的光谱，之后通过分析包括太阳在内的恒星光谱，不仅可以获取恒星的多种参数，如表面温度、表面重力、金属丰度，还可以结合恒星演化曲线推算出恒星的质量、年龄、速度等关键信息。这些丰富的信息为我们提供了研究各种恒星理论的条件。此外，我还可以借助恒星光谱解析恒星中各种元素的组成成分，从而研究恒星以及星系的形成和演化历程。

　　我在观测恒星光谱时通常使用国内外的大型望远镜。非常幸运，我工作的团组运维着目前亚洲大陆最大的光学天文观测基地——兴隆观测站，这里拥有口径超过50厘米的科研级望远镜十余台。

兴隆站全景图

而我主要分析和研究其中两台最大的望远镜（郭守敬望远镜和2.16米光学天文望远镜）拍摄的部分光谱数据。

在夜晚的基地，我们能看到无比灿烂的星空，在合适的时间也可以看到绚烂的银河。

郭守敬望远镜和 2.16 米望远镜

从兴隆观测基地看银河

恒星并不永恒，但它生生不息

恒星的摇篮和坟墓

仔细观察星空，我们可以发现天上的星星颜色不同，还会看到一些非常明显的星座，冬季最为耀眼的星座之一就是猎户座。下方右图展示的是17世纪天文学家约翰·赫维留依据古希腊战士绘制出的猎户座形象。

夜空中的猎户座及猎户座形象图

在猎户座中，上面两颗星代表猎人的肩膀，下面两颗星代表猎人的双腿，中间三颗星是猎人的腰带。左上角那颗星看起来和其他的星不一样，有些发黄、发红，而且个头也更大，它叫参宿四。

天文学家观测发现，参宿四是一颗红超巨星，质量是太阳的十几倍。有人认为它有可能已经发生了超新星爆炸，但因为它距离我们600多光年远，所以我们"暂时"看不到，想看到它爆发之后的景象，就要等上600多年。

在"腰带"的三颗星下方，模模糊糊的一束就是猎人的佩刀。晴朗无月的夜晚，在郊外使用10厘米口径的科普望远镜，后面接一台单反相机，就可以拍到这样的景象。

下面左图是著名的猎户座大星云，这个星云的中间区域有很多明亮的部分，这些部分就是恒星宝宝成团诞生的区域，也叫恒星形成区，因此可以说猎户座大星云是恒星宝宝诞生的摇篮。

宇宙中有很多漂亮的星云都是恒星诞生的摇篮，与此同时，恒星也有死亡的坟墓。下面右图是一颗红超巨星超新星爆炸之后留下的遗迹——著名的蟹状星云。

猎户座大星云 M42   蟹状星云 M1

下页左图是螺旋星云，它的质量明显没有上面那颗红超巨星的大，因此爆炸得没有那么严重，还是比较整齐的。图片中心的那个小白点，就是爆发后留下的致密的核。

下页右图中的星云是猫眼星云，很多天文学家研究它，因为它是一颗质量和太阳类似的恒星在死亡时留下的景象。从这张照片当中，我们似乎可以看到太阳死亡时将是怎样的景象，甚至能感受到这颗恒星在死亡前的挣扎。

螺旋星云 NGC 7293

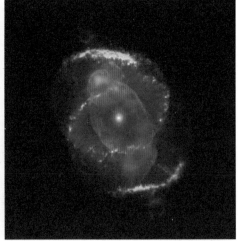

猫眼星云 NGC 6543

　　质量大于20个太阳质量的恒星死亡后会形成黑洞。2019年之前，天文学家并不知道黑洞真正长什么样，因为黑洞的质量太大了，引力强到即使是光也逃不出来。我们之所以称它为黑洞，并不是因为它真的黑，而是因为光无法逃离并抵达我们的眼睛。

喷流

黑洞

吸积气体流

伴星

吸积盘

黑洞天鹅座 X-1 的艺术想象图

然而，由于黑洞的周围存在强引力场，它周围的气体会形成一个吸积盘，有时会形成一些喷流，所以我们可以观测到这些明亮的部分。于是我们就根据能观测到的部分想象黑洞原来的样子。

　　直到2019年4月10日，我们终于获得了人类历史上第一张黑洞照片。这张照片由全球200多位天文学家利用8台亚毫米波射电望远镜组成的巨大望远镜阵——事件视界望远镜，对准M87这个巨椭圆星系中心拍摄得到的。

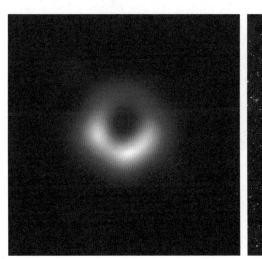

人类历史上拍到的第一张黑洞照片及其所在的巨椭圆星系 M87

　　这张黑洞的照片看起来不如艺术家绘制的那么绚烂。然而，它却是实实在在被我们拍到的真实影像。这对于人类了解黑洞，了解恒星、星系及宇宙演化意义非凡。

　　是的，恒星会出生，也会死亡。恒星死亡的时候将大量物质抛射到星际空间中，这些物质又会成为形成下一代恒星的材料。这是一个循环往复的过程。虽然恒星并非亘古不灭，但是它生生不息，或许这也是一种永恒。

恒星并不永恒，但它生生不息　　　　　　　　　　　　　　　　45

银拱下的郭守敬望远镜

未来科学⊕·天文篇

思考一下：

1. 恒星的一生大致有哪几个阶段？不同质量的恒星最终的演化产物分别是什么？
2. 你知道的我国著名的天文望远镜有哪些？
3. 恒星死亡时抛射的物质又会成为形成下一代恒星的材料，这给你带来了怎样的启示？

演讲时间：2019.4
扫一扫，看演讲视频

给大型天文
望远镜找一个家

邓李才
中国科学院国家天文台研究员

在研究天上的知识前，天文学家也要了解地面的事情。原因是什么呢？这就要从一个叫冷湖的地方说起。

冷湖位于青海省海西州，在大家印象里这里似乎是西北边陲地区，但冷湖实际上在中国版图中心稍偏西一点的位置。

冷湖镇的废墟

20世纪50年代，人们在冷湖发现了石油，这里也因此拥有了十万人为石油奋战的辉煌历史。石油资源枯竭以后，所有工人撤出，这里又恢复了往日的宁静，留下了一片令人慨叹的废墟。上图就是冷湖镇的废墟之一。

雅丹地貌和星空

冷湖的地貌美丽而独特，这种由风蚀塑造的地貌被称作雅丹地貌，也让这里拥有了地质学上公认的全世界最大的类火星地貌群。除了奇特的地貌，冷湖还有美妙的星空，这里的星空纯净灿烂，可能是在城市生活的朋友从未见过的景象。

青海省冷湖天文观测基地

光学望远镜需要怎样一个家？

我们前往冷湖，是出于发展中国未来光学天文，以及为大型光学天文望远镜找一个家的目的。

21世纪20年代地球表面天文望远镜的格局

在21世纪20年代，国际天文望远镜建设的形势是有若干台口径10米以上的光学望远镜，还有正在建造的三台口径30~40米的大型设备。中国的光学望远镜是什么情况呢？中国最大的光学望远镜仅和国际上一代10米口径望远镜的配套辅助望远镜口径一样，最大的通用望远镜口径只有2.4米。对我国来说，提升光学望远镜的建设水平形势紧迫。

那么，中国未来的大型望远镜到底要建设在何处、怎样使用，才能取得最大成果呢？

实际上，天文台址的选择要求很严苛：一是要"看得见"，即云覆量小；二是要"看得透"，即大气要稀薄；三是要"看得真"，即透明度好；四是要"看得清"，即视宁度好；五是要"看得深"，即无或少光害；六是要"看得刁"，即水汽含量低；七是要尽量方便。天文设备通常体积较大，对后续资源的要求也更高，所以在选址上应注重方便程度，以满足可达性及安全性高的要求。

什么是视宁度？

大家都知道一首叫《小星星》的儿歌，其中有一句歌词是"一闪一闪亮晶晶，满天都是小星星"。这里的"一闪一闪"其实不是指星星本身闪烁着发光，而是指大气对星光的扭曲造成的现象。

如果在这种"星光闪烁"的条件下观看月球，会发现月球的环形山变得模糊，甚至给人一种抖动的感觉。这实际上是受到了视宁度的影响，是大气不够稳定的结果。

我们该如何理解"视宁度"呢？下页上方四幅图展示了在从视宁度很好的1角秒到视宁度很差的5角秒的不同情况下观察到的木星

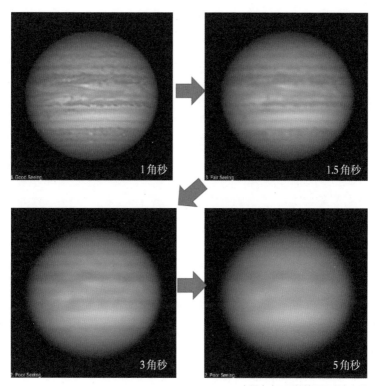

图像。我们可以从中得到在不同视宁度下观察的直观感受。视宁度是影响大众观星体验的一个相当重要的因素，对天文观测更是如此。

是否消除视宁度的区别

上页下图是一个星团，它的中央特别密集。以前，在没有克服视宁度差的手段也无法到大气外观测的时候，我们看到的星团是中间这幅模糊的图像，但右边这幅改善视宁度后的图像才是它真实的景象。

真实与"看见"之间的差别是巨大的。视宁度产生的影响，不仅让我们看到的图像模糊、感受不同，也可能使科学家得出的结论南辕北辙。

什么是光害？

城市里霓虹闪烁，非常美丽，这是人类社会进步的表现。对天文学家来说，这却是一种危害，我们把它叫作光污染或者光害。

光害对天文观测和观星都有很大影响。理论上，在城市的中心、近郊乃至远郊，都没有机会看到美丽的银河。

在过去几十年中，我国研发了很多天文观测设备，也选择了一些合适的台址。下图就是距离北京只有150多千米的兴隆观测站。

兴隆观测站

未来科学 ● 天文篇

虽然在这里拍摄的流星雨星光灿烂，但在天际线附近的光污染相当严重。照片中央的是位列我国首批"国家重大科学工程"的郭守敬望远镜（大天区面积多目标光纤光谱天文望远镜，简称"LAMOST"），环境的原因使它的科学研究能力受到了相当大的制约，以至于我们没有办法通过它取得预期的科学成果。

美国夏威夷莫纳克亚山：凯克望远镜与昴星团望远镜

世界上有很多天文台，但在中纬度地区只有三个被认为属于一流水平。上图就是其中之一——位于美国夏威夷群岛莫纳克亚火山口的大天文台。在天空之下，中间两个是10米口径的凯克望远镜，左边是日本的8.2米口径昴星团望远镜。

智利北部阿塔卡马沙漠：欧洲南方天文台甚大望远镜

给大型天文望远镜找一个家

南半球智利北部的阿塔卡马沙漠中有一大片非常好的区域，世界上68%的大型光学望远镜都落户在这里。上页下图是欧洲南方天文台的甚大望远镜，每个望远镜口径为8.2米，而前面提到我国最大的通用望远镜的口径则是2.16米。还有一个一流天文台在北非的外海，即西班牙的海外属地加那利群岛。

这三个台址同处于西半球。如果一个非常重要的天象发生在西半球的白天，但由于处于夜晚的东半球没有任何大型天文台，我们就将失去借助这个天象获得重大科学成果的机会，这将令人非常遗憾。因此，全世界的天文学家都期望能够在东方的欧亚大陆上找到一个合适的天文台台址，他们对青藏高原寄予了很大希望。冷湖的发现对于改变现在的天文台格局具有非常重要的意义。

光学望远镜的"寻家"之路

时间回溯到2016年，当时我国决定在"十四五"规划期间修建一个大型光学望远镜，为此国家投入了大量人力和物力。然而，我们仍需要问问自己：我们准备好了吗？我们已经找到可以匹配这样一个大型设备的台址了吗？

从2000年开始，国内天文学界就开始进行前瞻性研究，尝试在青藏高原选址。出于各种各样的因素，我们在青藏高原发现的候选台址后来被一一证实存在某些不可克服的弱点。

冷湖就在这时和其他候选台址一起进入了青藏高原科考者的视线。冷湖的晴日数（每年日照数）是3570多个小时，意味着这里每天有近10小时的日照时间。天上无云，晚上晴朗，这是非常好的观测条件。风沙状况就成了冷湖能否被选为天文台台址的最大制约因素。

青海省政府与海西州政府通过科技厅给予了我们大力支持，所以我们得以在这里开展工作。2017年底，我受当地政府的邀请到冷湖考察，发现那里有一座高山——赛什腾山。

沙尘是由于风把沙土带起来产生的，所以沙尘的密度随着高度升高而呈指数下降。这座高山的山脚已经比柴达木盆地高出三四百米，沙尘明显比下面小得多，因此这座山很有希望被选为天文台台址。

这座山还未曾被开发过，所以想到那里选址就要先修路。修路是非常花费时间的工程，为了保证国家12米口径光学望远镜建设的节奏，我们必须尽快完成选址工作。

海西州政府派来的一架直升机帮我们把选址所用的后勤物资和设备全部运到山上。这架直升机为我们在选址的初期阶段带来了相当高的幸福感。为了抢运我们的物资，这架直升机每天飞行80个架次。然而，直升机运送物资的成本非常高昂，要长时间在山上观测，光靠直升机远远不够。因此每次去选址点时，我们都要背上20千克的行李再爬升近1千米，这是一件非常辛苦的工作。

在一次爬山途中，我们与帮忙运送物资的藏族同胞相会。他们

的体力令人佩服，我们特别感谢这些藏族同胞。

上山的路无比艰险，我们走的路仅能放下两只脚，路的两侧一边是悬崖，一边是坡度极大的陡坡。我们在这座山上迈过的每一步，都是人类的第一次到达。

到达山巅以后，我们感触良多。沙尘天气几乎是柴达木盆地的常态，到了山上我们却看不见任何沙尘，天空无比湛蓝。

将设备运送上山后，我们的第一项工作就是测量视宁度。原则上，测量视宁度要在10米的高塔上进行，但在山上新建高塔要花两个月时间，我们就决定先在地面上测量一次。当天晚上，我的同事杨帆独自留在山上，在没有任何人陪伴也没有任何后勤设施支援的情况下，他用上方右图中的这台望远镜测量了当天的视宁度。第

二天我上山之后得知，测量的结果令大家激动不已，这里的视宁度只有0.8角秒。

一个世界级天文台址的出现

经过三年异常艰苦的努力，我们每个人都爬了几十趟山，采集到了质量极高又连续的数据。

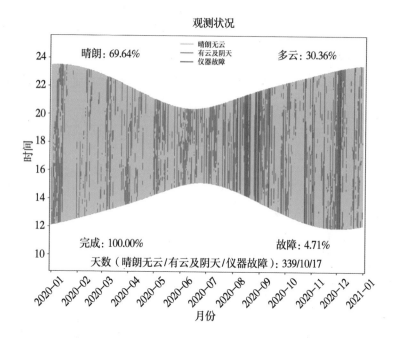

上图显示的是云量数据。彩色区域的纵轴表示每天晚上到第二天凌晨的时间长度，结合横轴我们可以看出冬天夜晚更长，夏天夜晚更短；蓝色表示全天一丝云都没有，灰色表示有一点儿云或者是阴天，红色表示仪器电量耗尽或者出现故障。数据表明，这里的晴夜数非常多。

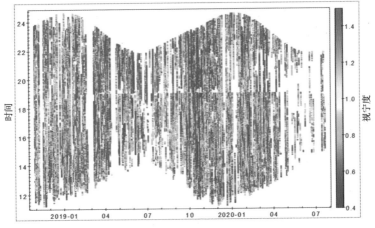

视宁度数据

视宁度不是随时可以观测的，所以仅看它的分布实际上意义不大。因此只要采样足够均匀，一年四季的分布大概都同属一种就可以。上图显示的是夜间视宁度的情况，蓝色部分表示视宁度非常好，最低是0.4角秒，红色部分最高是1.5角秒。图中大片的蓝色表明山上的视宁度非常好。

沙尘是天文台选址中面临的最大问题。为了论证这个台址的可

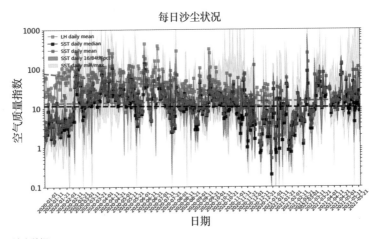

沙尘数据

用性，我们专门用一台粉尘仪测量了山上的沙尘状况，并与山下环保局监测的数据进行比较。沙尘数据图中红色的点表示在山下冷湖测到的沙尘的情况，蓝色的点表示山上的沙尘情况，数值越高表示空气质量越差。这个图使用的是对数坐标，相差一格代表空气质量指数相差10倍。所以山上的空气质量实际上比山下高一个量级。

在国家标准的空气质量综合指数中，50以下是优秀，100以下是良好。山上的指数长期只有个位数，这表明山上的空气极好。

这是在山上每天都可以看到的美景。在这张照片中，天文台上几架望远镜的基建已经开始，天际线处那条明显的分界线就是柴达木盆地里的浮尘和上面星空的界限。这个界限大概在海拔3800米左右，而我们的台址位于海拔4200米处，所以山上几乎不受沙尘的任何影响。

所有测量数据都说明冷湖是非常好的天文台台址。然而，包括我国的天文台在内，世界上的大天文台从建设到最后使用都经历了一个光害逐渐演变的过程。在备选台址德令哈市，我们曾有非常切身的担忧：望远镜建设好了，光变坏了怎么办？

城市光害

冷湖地方政府知道我们的担忧,所以在2018年出台了一项条例:冷湖全域将被设置为"暗夜保护区"。这相当于给我们的选址和天文台将来的建设吃了一颗定心丸。

经过三年艰辛工作,我们终于得到了可以判定这个台址质量的数据,并于2021年8月18日正式上线,发表在顶级科学期刊《自然》上。数据对比可知,在天文观测台址的专业质量要求方面,冷湖的水准基本与国际上几个一流台址持平。实际上,在"看得刁"一条的评价参数"水汽含量"等方面,冷湖的条件比其他台址更好。这些结果都说明冷湖是国际一流的台址,我们因此更希望未来天文台建成后,冷湖能成为全世界最好的天文台址。

未来已来,冷湖不冷

海西州政府正在为天文台修建一条盘山路,它将建成一条8米宽的康庄大道。沿着登山路径,已经有30台天文望远镜正在建设中。

这条大路的终止处现在已有4个大型设备在建，其中中国科学技术大学的一架2.5米口径的望远镜将刷新我国光学天文望远镜口径尺寸的纪录。在不远的2029年，清华大学领导建设的6.5米口径光学望远镜将落户赛什腾山。这样，冷湖将成为亚洲甚至国际上最大的天文台之一。

　　上图中，前景是冷湖50年前辉煌之后留下的废墟，它记录了过去的历史；远处看去是赛什腾山，山上所有标记的地方都是我们将来建设天文台的台址点；白色箭头指向已进入建设过程的台址，包括从海拔3800米处开始的紫金山天文台近地天体监测阵，大概由21台望远镜组成。近地天体对地球生命的威胁最大，所以我们需要重点监测。

　　海拔再向上是国家天文台的1米口径太阳望远镜。在观测太阳的望远镜中，它属于大型望远镜，现在已经施工封顶。海拔4200米处的三个白色箭头：一个指向中国科学技术大学的2.5米口径望远镜；一个指向国家天文台的1米口径恒星观测望远镜；还有一个指向地质与地球物理研究所的两台望远镜，一台是刚完成安装的0.8米口径望远镜，另一台1.8米口径的行星专用望远镜也将落户在那里。

天际线最高处是我们冷湖的未来。这里不仅包括要从兴隆观测站搬过去的郭守敬望远镜，还有我国预计要建造的12~30米大口径望远镜以及若干大学和其他科研机构建造的中型望远镜（4~6米口径）。如果这些望远镜建成，这条天际线将是未来全世界最美的天际线。

我们希望这个未来早日到来，它实际上已经在来的路上。未来已来，冷湖不冷。

思考一下:

1. 大型光学天文望远镜的选址都需要什么条件?

2. 冷湖天文台址在哪些方面体现了一流条件,甚至比国际上其他天文台址更优越?

3. 登上无人抵达过的山巅,忍受孤独完成科研,我们的科学家为了选好天文台址不辞辛苦,你从中学到了什么?

演讲时间: 2021.10
扫一扫,看演讲视频

天文巡天
给星星和星系做人口普查

范舟
中国科学院国家天文台青年研究员

提到天文，大家可能首先想到的就是星空。星空非常美丽，有时候你一直看着星空，心中会涌现一种莫名的感动，也会感觉人类特别渺小。

仰望星空的时候，很多人都会思考，天上的星星到底有多大？宇宙里到底有多少颗星星？宇宙有没有边界？如果有边界，宇宙外面又是什么呢？

远古时代，人类就一直仰望星空，思考各种和星空有关的问题。不过长期以来，人类一直都是用肉眼观测星空，而由于肉眼视能力的局限，人们很难观测到特别暗、特别远的天体。

直到400多年前，伽利略第一次把望远镜指向星空，他看到了人类肉眼无法看到的东西：月球上有环形山，也有山谷；太阳表面不但有黑子，它还在自转；金星和月球一样，也有阴晴圆缺；木星不仅仅是一个光斑，它周围还有四颗卫星，后来被命名为伽利略卫星……

伽利略卫星：木卫一（伊俄）、木卫二（欧罗巴）、木卫三（盖尼米德）、木卫四（卡里斯托）

这是一个里程碑事件。从此之后，人类开始使用各种工具探索宇宙，并且进入了一个制造望远镜的竞赛时代。制造出更大口径的望远镜，就意味着可以看到宇宙的更远处和更暗弱的天体。

望远镜找出了爱因斯坦的错误

　　18世纪末有一位著名的天文学家威廉·赫歇尔，他是制造望远镜的专家，一生建造了上百架天文望远镜。

　　下面左图中的望远镜就是他研制的1.2米口径望远镜。和图中的房屋一比，我们就能明显看出这台望远镜的巨大。虽然它非常笨重，操作起来也不方便，但由于口径够大，所以威廉·赫歇尔借助它看到了很多之前无法看到的星体，如天王星以及天王星的卫星。

赫歇尔的望远镜

胡克望远镜

　　随着科技的进步，人类制造出了更大的望远镜。比如上面右图中的胡克望远镜，它是一个名叫胡克的富商于1917年资助建造的，口径为2.5米。关于这台望远镜还有一个非常有趣的故事。

　　爱因斯坦提出了广义相对论，建立了宇宙模型。然而，令他大为惊讶的是，他刚把宇宙模型建起来，就发现宇宙居然会演化。爱因斯坦自己也吓了一跳，这与他的认知相悖，如果宇宙也会演化，人们该有多不安啊！于是他在宇宙学状态方程中加入了一个常

海尔望远镜

数，用以保持宇宙恒定不变。后来，哈勃用胡克望远镜观测到了很多星系，他发现几乎所有星系都在远离我们，所以得出了"宇宙在膨胀"的结论。至此，爱因斯坦感到非常懊悔，他觉得自己加入宇宙常数的做法是巨大错误，以至于后来他觉得这是人生当中最大的错误。

　　随着技术的发展，更多新望远镜诞生了。上图这台5米口径的海尔望远镜建成于1948年，此后的40多年时间里，它一直是全世界像质最好、口径最大的望远镜。其实在20世纪70年代，苏联曾造过一台6米口径的望远镜（BTA-6），但这台望远镜在设计和建造过程中有一些缺陷，观测效果并不是很好，影响力也不是很大。海尔望远镜的观测纪录一直保持到1993年凯克望远镜的出现。

　　科技的进步让望远镜越做越大，甚至发展出哈勃望远镜这类空间望远镜。然而，这些望远镜早期都局限于观测单一的天体。想带有统计性地全面了解星系整体或恒星整体，这种观测模式显然不行，于是产生了另一种观测模式——天文巡天。

在"梅西耶星表"上跑"马拉松"

　　天文巡天就是对天空进行大范围观测，甚至进行全天观测，这有点儿像人口普查。

　　比如，我想研究北京回龙观地区居民的职业情况。如果我只调查身边IT（信息技术）行业的几位朋友，就很容易得出"回龙观地区从事IT行业的人很多"这样的错误结论。这是因为选择的样本不够多，调查的范围不够广。只有观测的范围足够广，调查的数据足够多，才能得到相对全面且正确的结论。

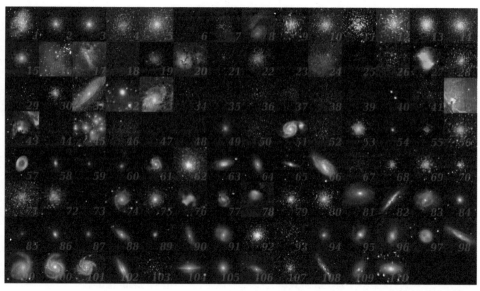

包含图像的梅西耶星表

　　实际上，200多年前的人们也做了一些与巡天类似的工作。18世纪法国天文学家夏尔·梅西耶就根据观测做出了"梅西耶星云星团表"。随着后来天文学家的补充，表中目前包含110个天体，比如著名的仙女座星系就在梅西耶星表里排第31位，编号为M31。梅西耶星表中编号M1的是蟹状星云，一个超新星遗迹。蟹状星云的发现也有中国人的一份功劳，因为在我国史书上有1054年出现超新星爆发事件的记载。通过观测蟹状星云，人们最终推算出，M1应是在中国宋朝时期爆发，这和史书记载十分吻合。

2019年4月发布的人类首次拍摄到的黑洞照片就来自M87星系。这个星系看似比较小，实际是一个非常巨大的椭圆星系，它的中心有一个超过60亿倍太阳质量的超大质量黑洞。

直到现在，梅西耶星表在天文观测者中也非常流行。每年3月底，全世界都会举行"梅西耶马拉松"——北半球的天文爱好者会拿着小型望远镜观测星空中的梅西耶天体，在一个晚上把梅西耶星表里面所有星云、星团和星系都观测一遍。这个活动对天文爱好者的要求非常高，要求他们既要有认星的能力，还要有拍照的能力，而这也能检验天文爱好者的水平高低。

除了梅西耶星表，还有一些极具代表性的星表，比如NGC星表（星云和星团新总表）。NGC星表包含的星云、星团、星系的数量更多，有7000多个，星表里一一记录了它们的编号、位置、亮度、距离等信息。

如果把这些星表拿出来，你会发现，它们实际上只是文字构成的表，记录了一些最基本的信息。在有图片的版本中，后人根据天文望远镜拍摄的照片为之提供了更形象的补充，这样就可以和实际观测到的图像进行比较，用起来就非常方便了。

为什么这些星表最初只有文字呢？这是因为当时记录成像的技术并不成熟，大家在望远镜中可以看到很多天体，但要真正记录下来却很难。当然，有一些天文学家的绘画功力深厚，可以用素描的形式将观测到的星体画出来。如果那时每个观测者都有数码相机或智能手机，那么他们只要把相机或手机安设在望远镜的目镜处，就都能拍下观测到的天体了。

直到1950年左右，拍照技术发展得比较成熟后，才有一些厂商有能力提供大批高质量的照相底片供天文观测拍照使用。对天文学产生深远影响的帕洛玛天文台巡天计划出现了。

国际天文巡天的发展

帕洛玛天文台巡天计划由美国国家地理协会和帕洛玛天文台联合开展，内容是对北半球天空进行全天巡天观测。以往人们使用的星表都是文本文件，而帕洛玛巡天星表却由大量照片（图像）组成。天文望远镜每次拍一张照片，再把拍出来的所有照片合并成一张非常大的照片。想查询某个天体，只需翻看这个有图像的星表，就能了解它的位置、形状和大小等信息，甚至连它周围有无别的星体都能看得一清二楚。因此帕洛玛巡天在天文巡天观测史上可谓一个巨大的飞跃。

20世纪70年代，为了获得南半球的天体资料，人们利用澳大利亚的英澳天文台（现更名为"澳洲天文台"）的联合王国施密特望远镜（UK Schmidt Telescope）对南半球进行巡天观测。后来，人们将南北半球的观测数据结合，形成了一个巨大的数据库。

随着电子化技术的升级，这些照片的底片被数字化，供人们从网上下载使用。现在人们登录网站就能很方便地搜到

帕洛玛巡天影像

相关天体的详细图像资料。

上页图是帕洛玛巡天的一张截图。它和现在大家拍到的照片差别较大，不但是黑白的，而且非常模糊，有很多噪声。虽然受限于当时的技术，但它已经是天文巡天的巨大飞跃。帕洛玛巡天为后来很多巡天计划（如斯隆数字化巡天）提供了很好的数据基础。

为我们发现的星星起个好名字

中国的巡天工作是怎么发展起来的呢？

中国科学院院士、国家天文台研究员陈建生老师曾在20世纪七八十年代前往澳洲天文台访问。帕洛玛巡天计划当时受到国际瞩目，影响力非常大，他也深受启发。回国后，陈院士便在国家天文台兴隆观测基地的一个60厘米口径的施密特望远镜上装配了不同颜色的滤光片，对天空进行大视场巡天。之所以用不同颜色的滤光片，是因为它们透过光的波长不同。

通过观察不同波长的天体能量，我们可以得到一个能谱，然后就能对其进行物理分析。

施密特望远镜

当时的巡天设备还配备CCD（电荷耦合器件）传感器相机，这种技术在家用相机里也有类似运用。光学成像镜片在摄像头中位于前方，记录成像的传感器位于后方。与手机上一般采用的CMOS（互补金属氧化物半导体）传感器相比，CCD传感器的性能更高级。专业天文观测常用的CCD/CMOS相机不仅可以拍摄记录，拍到的信息还能直接被数字化并存到电脑里，非常方便。

我国这个巡天概念于20世纪90年代提出并开始实施，可谓非常超前和新颖。一经提出，它就受到很多研究机构的积极响应，包括亚利桑那、台湾、康涅狄格的高校和研究所。因此，这个巡天计划当时也被称为"北京－亚利桑那－台湾－康涅狄格巡天"计划（简称"BATC巡天"）。

在这项巡天计划中，小行星巡天非常有趣，它相当于小行星的"人口普查"。小行星巡天也需要比较大的视场，但当时大家用的都是口径较小的望远镜。从1995年开始的7年时间里，这个巡天计划总共观测到2707颗有暂定编号的小行星，而且都是没被别人发现的新小行星，我国对其中500多颗小行星拥有永久命名权。

陈景润星，吴文俊星，中国科学院星，北京师范大学星，袁隆平星，张大宁星，克里斯琴森星，金庸星，澳门星，自然科学基金星，陈芳允星，杨嘉墀星，温岭曙光星，巴金星，王淦昌星，王大珩星，南仁东星，茅以升星，明安图星，岫岩玉星，中国科大星，天涯海角星，丽江星，黄山星，开封星，杭高星，苏定强星，海宁星，哈工大星，清华大学星，国科大星……

大家可以看到，这些小行星有些以科学家的名字命名，有些以作家的名字命名，还有些以著名院校名或地名为名。

为什么会用金庸的名字为小行星命名呢？这是因为以前天文学家们观测时非常"孤单寂寞冷"，他们经常要轮流在深山里连续观测一两周或者更长的时间。当时也不像现在人手一部智能手机，可以上网打发业余时间。观星之余，大家都喜欢阅读金庸的小说。很多天文学家都是"金庸迷"，所以他们就申请用金庸的名字命名了一颗小行星。

　　还有一颗小行星叫"南仁东星"。南仁东老师是家喻户晓的中国"天眼"项目发起人和奠基人，也是时代楷模。为纪念他对我国大科学装置的巨大贡献，我们用他的名字命名了一颗小行星。再比如，国家天文台是中国科学院下辖的科研机构，承载中国科学院重要教学任务的大学是中国科学院大学，所以我们也申请将一颗小行星命名为"国科大星"。

　　当望远镜指向天区的位置不动，在不同时段对同一个天区连续拍摄后，我们会发现图像中间的地方有个亮点在移动。因为背景恒星（在这么短的时间内）不会动，所以这个移动的亮点很有可能就是一颗小行星。然后，我们把这个移动天体的信息发送给国际小行星中心，并和数据库里已有的信息比较，以鉴别它是不是新的小行星。如果是，我们就又发现了一颗新的小行星，也就拥有它的命名权了。

给星系查查户口

　　在巡天项目里，除了要给小行星"查户口"，还要给邻近的星系"查户口"，看看我们周围有多少个星系，以及它们长什么样子。

　　我个人最感兴趣的星系就是仙女座星系，在梅西耶星表中它的编号是M31。它距离我们有250万光年，也就是说，我们现在看到的仙女座星系，其实是它250万年之前的样子。现在的仙女座星系是什么样子，我们必须再等250万年才能看到。仙女座星系非常漂亮，它周围有一些尘埃和气体的环状结构以及更多矮星系。现在网上许多与星系有关的图片，实际上都是仙女座星系。不过，科学家关注的不是它漂亮与否，而是它的起源。仙女座星系是什么时候形成的？

它是怎么形成的？它的演化进程是什么样的？它将来会变成什么样？

众所周知，我们主要依靠化石研究地球的起源。那对仙女座星系而言，有没有可供研究的"化石"呢？有，它就是球状星团。球状星

仙女座星系 M31

团是几千到几百万颗恒星的集合体，它记录了星系早期形成时的重要信息，是保留一个星系形成和演化过程的活化石。

不幸的是，我们在地球上很难看到仙女座星系中球状星团里的单颗恒星。一是因为仙女座星系离我们太远了，二是因为大气湍流会把所有星象都变成模糊的一团。所以，我们从地球上看到的仙女座星系的球状星团，其实是一个个非常暗弱、模糊的光点。

如果仅能看到模糊的光点，我们又要怎么研究呢？虽然看似无从下手，但科学家还是有很多办法，比如前文提到的多色滤光片。结合不同波长处天体能量的研究，我们可以得到一个能谱。同时，一些建立星族合成模型的理论天文学家可以通过恒星的模型计算出很多星族模型。通过这些星族模型，他们又可以计算出包括年龄和化学组成等信息的能谱。

这些理论的能谱相当于一个巨大的数据库，我们可将观测到的数据与之匹配。如果匹配成功，就说明它符合某个模

仙女座星系 M31 中的球状星团

型的物理信息。

　　经过研究，我们最后得到了仙女座星系形成和演化的关键信息。在此之前，很多人认为仙女座星系是大坍缩形成的，或者是吸积旁边的矮星系后慢慢形成的。但研究后我们发现它的形成过程是这两种机制的结合，即在早期大坍缩和后期吸积周围矮星系的综合作用下，目前的仙女座星系才最终形成。

观测新发现——星系碰撞"华尔兹"

三角座星系 M33

　　虽然我们已经对与银河系相邻的仙女座星系做了普查和研究，但近来人们还有很多新的发现。

　　近年来的深场观测发现，仙女座星系M31和三角座星系M33之间有很强烈的相互作用，导致很多星流的产生。星流的产生过程非常剧烈。然而，哈勃望远镜的10年观测和盖亚（Gaia）卫星的高精度观测发现了更剧烈的问题：45亿年之后，仙女座星系会和银河系发生碰撞。这个碰撞的过程相对缓和，就像跳华尔兹舞一样，两个星系先接近再远离，然后再彼此接近。若干回合后，两者最终合并成一个巨椭圆星系。

　　大家一定觉得"碰撞"非常可怕，认为两个星系相撞后，地球一定就毁灭了，其实并非如此。因为星系里恒星的密度非常低，所以恒星几乎不可能发生碰撞，行星碰撞也就更不会发生了。大家不

盖亚卫星可以准确进行恒星测距

"星系华尔兹"

用担心地球会因为星系的撞击而毁灭。相反，我们要担心的是，45亿年之后的太阳可能会变成一个红巨星。

当太阳变成红巨星，电影《流浪地球》里描述的场景就会真实发生：炙热的太阳会极度膨胀，吞没水星和金星，地球也会变得异常炽热。希望到那时，人类已经发现了成功避难的方法，比如"流浪地球"，或者搬到其他宜居行星居住。

通过宇宙中大样本的星系观测研究，我们发现星系之间的相互碰撞和并合普遍存在。

　　研究了这么多星系，并不代表我们对自己身处的银河系已经研究得十分透彻了，事实上正好相反。正是因为我们身处银河系，所以才"不识庐山真面目，只缘身在此山中"。太阳所处的银盘区域中恒星非常密集，也非常明亮，我们的视线会被周围的恒星、尘埃所遮挡。与此同时，银河系中心的核球也非常明亮，同样会遮挡我们的视线。这就导致很多天体难以被我们研究。但是，天文学家对困难毫不畏惧，相反，他们制造了很多望远镜深入观测和研究银河系。

　　我国自主研发的郭守敬望远镜一次可以观测3000多个恒星的光谱。借助它的观测，我们现在已经得到1000多万条恒星光谱。通过分析恒星光谱，我们可以获取这些恒星的物理信息，比如温度、化学组成，以及它们到底是矮星还是巨星。

　　当然，光有这些望远镜还不够。因为银河系里有几千亿颗恒星，而我们现在观测到的几千万颗恒星只相当于万分之一的采样率。这好比我们从一万个人中选一个人当代表，因此我们要做样本更大的巡天。

仰望星空，也躲避棕熊

　　由国家天文台发起，我们进行了恒星丰度和星系演化（SAGE）测光巡天。该项目利用美国亚利桑那大学斯图尔德天文台（Steward Observatory）的2.3米口径博克望远镜（Bok Telescope）、我国新疆天文台南山观测站1米口径望远镜以及乌兹别克斯坦1米口径望远镜进行北天天区的多色测光观测。博克望远镜位于美国亚利桑那州

SAGE 测光巡天使用的望远镜：博克望远镜、南山观测站 1 米口径望远镜、乌兹别克斯坦 1 米口径望远镜

的一座高山基特峰上，那里的大气透明度优良，大气视宁度也比较稳定。

右图这张照片记录了我们的同事在观测室里的工作状态。现在的天文观测工作并不像大家想的那样，需要站在望远镜下用眼睛观看，而是用计算机控制望远镜和曝光，也使用计算机记录观测后形成的数据。

过去的天文学家在观测时非常辛苦，但现在我们并不孤单。

亚利桑那州有很多高大的仙人掌，还有许多没有被关进动物园里的动物，如美洲虎、响尾蛇和熊。一天早上起床后，我们发现宿舍纱窗上有几个很像熊爪印的痕迹，才回想起管理人员曾告诉我们山上有熊出没。熊有时会跑到游览中心翻找食物，人类如果遇到它们会相当危险。管理人员随即赶路上山，给我们送来了驱熊的辣椒喷雾和喇叭，并为我们组织了防熊培训。这些驱熊喷雾由墨西哥的

魔鬼辣椒制作而成，辣度极高，只要一喷，熊就肯定不敢过来了。幸运的是，直到观测结束我们都没有再遇到熊。

2019 年，SAGE 巡天已经进入尾声，观测工作已经基本结束。巡天结束后，我们可以用观测的数据做很多研究，比如恒星诞生的过程、第一代恒星的起源，以及白矮星的相关研究（因为太阳演化到晚期会变成一颗白矮星）。有了巨大的恒星观测样本，我们就可以对银河系的结构和演化得出更多深入的认识。

天文学就像一座宏伟的大厦，大家看到的只是在大厦顶端闪耀着的诺贝尔奖级的伟大研究：发现引力波，宇宙的加速膨胀……实际上，在这座大厦的底端，还有很多我们这样的基层观测人员。这些研究者从日积月累的长期观测中得到了大量可靠的高质量数据，正是这些数据才支撑起天文学这座宏伟的大厦。作为一名基层观测人员，一名巡天项目的观测人员，我倍感自豪。

思考一下:

1. 伟大的爱因斯坦发现了自己的错误,望远镜在其中起到了什么作用?
2. 我们应该担心星系碰撞导致地球毁灭吗?为什么?
3. 我国国家天文台发起的 SAGE 巡天计划未来能为天文学研究帮上什么忙?谈谈你的看法。

演讲时间: 2019.6
扫一扫,看演讲视频

和宇宙中最优雅
单纯的天体做朋友

左文文
中国科学院上海天文台副研究员

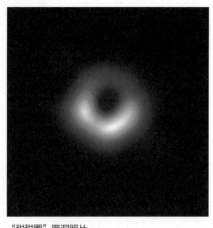
"甜甜圈"黑洞照片

2019 年 4 月 10 日，首张人类捕获的黑洞照片发布。看到这张照片，很多人都觉得它像一个"甜甜圈"，那么这个"甜甜圈"真实的物理尺寸有多大呢？

答案是直径约 1000 亿千米[1]。照片中这个黑洞距离我们有 5500 万光年，因此看起来尺寸非常小，只有 42 微角秒。这个大小相当于把量角器上的一度分成一亿份，那一亿分之一度就是这个"甜甜圈"的大小，可见这个黑洞在我们看来是多么小。

为了拍到黑洞，全球 200 多位科学家组成了一个团队，将遍布全球的 8 套珍贵的毫米波望远镜和望远镜阵列组成了一个等效口径和地球直径差不多大的望远镜。科学家收集到黑洞的信息后，又花了近两年的时间，才得到了这张照片。在正式发布之前，我已经在参与该项目研究的同事处看过这张照片的初稿了，但得知全世界都看到了这张照片后，我仍然十分兴奋，比初见时还要欣喜。这就像大家都认可你的朋友一样。

黑洞是什么？黑洞真的存在吗？为什么要研究黑洞？从这三个问题开始，让我们了解了解黑洞。

黑洞到底是什么？

说到黑洞，不得不提一位著名科学家——爱因斯坦。100 多年前，

1　在观测中，"甜甜圈"的直径是 42 微角秒，结合 M87* 距离我们 5500 万光年计算，得到其物理直径约为 1000 亿千米。

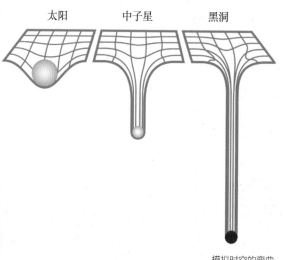

太阳　中子星　黑洞

模拟时空的弯曲

德国物理学家卡尔·史瓦西

他正式提出了以爱因斯坦场方程为核心的广义相对论，革新了原来的绝对时空观。爱因斯坦提出，时间和空间并非独立存在，它们可能是一个整体。

用一句话来描述爱因斯坦的理论，就是物质的质量决定了时空如何弯曲，而时空弯曲决定物质如何运动。如果用弹簧床模拟时空，那么在弹簧床上放一个有质量的球，弹簧床就会弯曲了，而弯曲的弹簧床又会影响床上其他物体的运动。

举个例子，当大家都坐在舒服的椅子上时，椅面其实已经凹陷，如果此时你在椅面上放一个小球，会发现小球会自然地往椅面凹陷处滚动。这就是你决定了椅面如何弯曲，而椅面的弯曲又决定了小球如何运动。

就在爱因斯坦提出广义相对论的同一年，还在第一次世界大战战场上服役的德国物理学家卡尔·史瓦西就得出了爱因斯坦场方程的首个精确解。这个精确解反映出，当真空中存在的一个具有质量、不带电荷且不自转的球对称天体坍缩至一个临界半径时，物质将无法避免地继续坍缩至中心奇点。这个临界半径就是事件视界半径，视界内的引力强大到连光都无法逃脱。光无法逃脱，自然就不能抵达人眼，因此我们没法看见它。1969年，物理学家约翰·惠勒给它取名为黑洞。

可惜史瓦西英年早逝，没有等到自己提出的最简单黑洞模型被称作"史瓦西模型"的那天。

黑洞想象图

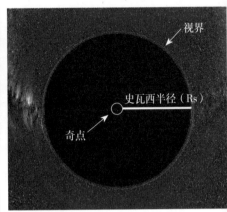

连光都无法逃离，因此黑洞看上去一片漆黑

如果进一步研究史瓦西的解，我们就会发现这样一个性质，你、我、我们所处的房子，其实都有自己的临界半径。也就是说，如果我们把自己或一栋楼压缩到各自的临界半径，就可能产生一个黑洞。当物体被压缩到不受控制地持续向中心塌缩时，一个体积无限小的奇点就出现了。

我们把黑洞的临界半径叫作事件视界，给黑洞拍照的望远镜就叫事件视界望远镜。我们想拍摄事件视界附近的情况，说明我们已经认识到目前人类无法知道黑洞里面的情况。

视界的大小和质量关系密切：质量越大，黑洞的视界半径越大；质量越小，视界半径就越小。那么，如果把人类自己压缩成一个黑洞，需要压缩到什么程度呢？

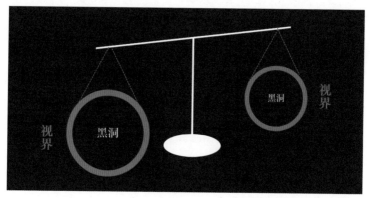
黑洞质量越大，视界越大；黑洞质量越小，视界越小

如果把太阳压缩成一个黑洞，它的视界半径大约为3000米；如果把地球压缩成一个黑洞，它的视界半径将只有9毫米；如果把一个人压缩成一个黑洞，那么视界半径估计要比原子核尺寸还小了。

黑洞真的存在吗？

宇宙中究竟有没有黑洞呢？当然有。有一些科学家就专门观测黑洞。

根据质量等级，宇宙中的黑洞分为三类：恒星级质量黑洞（几倍到几百倍太阳质量）、超大质量黑洞（几百万倍太阳质量以上），还有介于两者之间的中等质量黑洞（几百倍到几百万倍太阳质量）。目前，我们已经找到了恒星级质量黑洞和超大质量黑洞的确切案例，唯独介于两者之间的中等质量黑洞，我们目前还没有找到确切的候选体，这也是待解决的难题之一。

事实上，几乎已知的每一个大质量星系中心都存在一个超大质量黑洞。首张黑洞照片就算是比较直接的证据。然而，让我们对黑洞的了解变得更多的，反而是一些间接证据。

我们看不到风，却可以通过被风吹动的衣服或旗帜判断风的存在。这样的观测原理同样适用于黑洞。

夏季，如果大家来到比较偏僻而宽阔且光污染较弱的地方，应该会看到天上有一条银河光带。在这条光带最宽的区域里有一个茶壶状的星座，这个星座就是银河系的中心。

加州大学洛杉矶分校的银河系中心科研团队已经对银河系中心的上千颗恒星进行了20多年的观测，他们发现，银心区域附近的恒星不仅在转动，而且好像正围绕着一个看不见的中心转动。

这个中心区有多小？它比太阳系还小，尺寸只有地球到太阳之间距离的130倍，但这个区域居然包含了410万倍太阳质量的天体。这么小的区域却有这么大的质量，我们不知道它是什么天体，只能猜测它是黑洞的候选体，是属于银河系自己的黑洞。从恒星和气体的运动中，我们获得了这个结论。这就是黑洞存在的第一类间接证据的典型代表。

第二类间接证据就是黑洞"吃东西"时会发光，所以我们可以观测黑洞发出来的光，从而判断黑洞是否存在。

黑洞是具有很强引力的天体，因此周围的气体会朝黑洞的方

黑洞在"吃东西"时会发光

向下落。和洗脸池中的水往往一边转一边流入下水道一样，被黑洞"吃掉"的气体也是一边转一边下落，最后在黑洞的周围形成吸积盘。

在水力发电过程中，水从高处落下，它具有的强引力势能会转化成机械能，推动发动机工作，进而发电。同样，当物质和气体从高处落下掉入黑洞时，它们也一定具有很强的引力势能。这些引力势能也会转化为光和热，而且转化效率非常高。

化学燃烧

核裂变

核聚变

我们可以用简单的例子类比不同方式的质能转化效率：煤的燃烧是化学变化，相当于在银行存了10000亿元，只能取出3元利息；太阳发光是核聚变，相当于在银行存了1000元，可以取出7元利息；而黑洞吸积、吞噬周围物质所转化的光和热，则相当于在银行存了100元，却可以取出少则十几元、最多40元的利息。

以超大质量黑洞为例，如果把黑洞的吸积盘区域比作一颗黄豆，那么普通星系就相当于一个身高5万米的巨人。虽说黄豆般的活跃黑洞大小只有巨人般星系的千万分之一，但黑洞每秒钟发出的能量比星系多得多。如果一个天体具有这种小尺寸、大能量的性质，那么我们推断它可能是黑洞。

第三类间接证据是什么呢？就是两个黑洞相撞时发出的引力

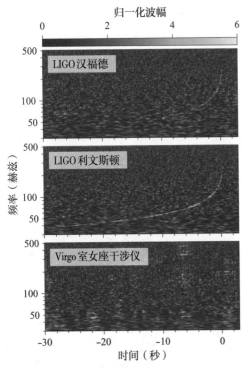

归一化波幅

LIGO 汉福德

LIGO 利文斯顿

Virgo 室女座干涉仪

频率（赫兹）

时间（秒）

图上的黄绿色曲线就是 LIGO 发现的引力波的踪迹

波。研究这种引力波信号后我们得知，它对应的是两个恒星级质量黑洞的碰撞与并合，我们似乎看到了两个黑洞"打架"的现场。据此，我们可以推测这两个黑洞的大小以及质量比是多少。所以，LIGO（激光干涉引力波天文台）探测到的引力波也间接告诉了我们恒星级质量黑洞的存在。未来还有其他频段的引力波探测器，将会探测到超大质量黑洞"打架"的"声音"。

认识黑洞有什么用？

不论是黑洞的首张照片、黑洞对周围气体和恒星的影响，还是黑洞的发光以及发出的引力波，这些直接或间接的证据都告诉我们黑洞确实存在。那么，我们为什么要研究黑洞呢？

第一个理由就是好奇心，很多时候人类是因为好奇才去研究。我们所处的银河系里就有这么一个超大质量黑洞，我们为什么不去了解它呢？这个超大质量黑洞和人类有什么关系？它会不会影响到我们的日常生活？

一方面，这个黑洞的质量是太阳的410万倍，距离我们有2.6万光年。它距离地球如此遥远，我们受到的来自它的引力微乎其微，所以引力方面造成的影响可以忽略不计。然而，如果我们以银河系中心为球心，以我们到银河系中心的距离为半径画一个巨大的球，那么这个球里所有物质质量的总和约为太阳的900亿倍。900亿和410万，两者差别悬殊。所以，决定太阳如何运动的不是黑洞，而是气体、恒星，还有占比最大的暗物质。

另一方面，活跃的黑洞会发出很强烈的光。有趣的是，银河系中间的黑洞并不活跃，它很安静，所以它发出的光和能量比较弱。我们离它又很远，所以等到这个黑洞发出的光和能量到达地球表面的时候，强度就更弱了。

与此同时，地球自带两大保护层，一个是大气层，一个是磁场。它们保护我们免受高能粒子包括高能光子的影响。

综上所述，我们可以得出一个结论：银河系中心的超大质量黑洞发出的光，对我们的影响也可以忽略不计。

除了银河系中心的超大质量黑洞，理论上银河系中还应存在上亿个恒星级质量黑洞。虽然目前我们只探测到了20多个，但一想到还有那么多恒星级质量黑洞等待发现，科学家们就更想要关注了。

艺术家对史上发现的第一个恒星级黑洞——天鹅座 X-1 的描绘

不管是超大质量黑洞，还是恒星级质量黑洞，对人类而言，目前已知的黑洞候选体带来的引力影响都可以忽略不计。但是，既然每一个大质量星系的中心都有一个超大质量黑洞，那么黑洞和它所处的星系之间又有什么关系呢？

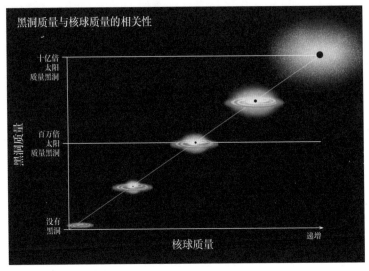

黑洞质量与星系核球的关系

星系中有一个名叫核球的部分。以一个离我们较近的大星系中心黑洞为例，上图反映了黑洞质量和核球质量的相关性。可以看到，两者呈正相关性，也就是说黑洞质量越大，它所居住的星系中心的核球质量也越大。这是不是说明，黑洞的成长和星系的成长相关呢？虽然目前这还是未解之谜，但说明了研究黑洞能够帮助我们认识星系，认识黑洞和星系的关系。

除了对研究星系有很大的帮助，在帮助我们了解整个宇宙的历史方面，黑洞同样功不可没。

如果抵达地球的光来自几十亿光年外的黑洞，那光在路上一定经过了很多星际介质。望远镜最终记录下的光谱上有很多的凹陷区域，我们称它们为吸收线，吸收线反映了黑洞发出的光在穿越宇宙的过程中，经过星际介质所留下的痕迹。在活跃黑洞的光谱上，通过研究黑洞的光和光留下的痕迹，我们可以研究星际介质分布的数量和形式。因此，研究黑洞有利于研究宇宙的历史。

虽然超大质量黑洞、恒星级质量黑洞在银河中对我们的影响非常小，但对研究黑洞自身、黑洞与星系、黑洞与宇宙来说，黑洞的研究都是非常关键的。黑洞还有很多的秘密没有解决，这都促使我们一定要去研究黑洞。

如何了解我们的朋友黑洞？

黑洞研究意义丰富、价值极高。那么我们到底该怎么研究黑洞呢？

前文提到的直接或间接证据再次派上用场，它们既证实了黑洞的存在，也是研究黑洞的好素材。通过研究黑洞发出的光，我们可以探测黑洞周围气体的运动，进而知道黑洞的质量。

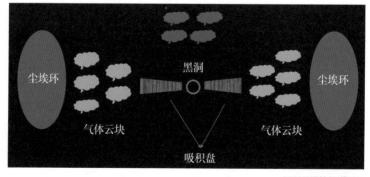

活跃黑洞简易模型图

众所周知，地球围着太阳转，更准确地说，它们围绕着共同的质心转动。如果我们知道地球绕太阳转动的速度，也知道太阳和地球之间的距离，就能算出太阳的质量。

在上面的一类活跃黑洞简易模型图中，黑洞居于中心，旁边区域是气体下落形成的吸积盘，吸积盘外还有一些气体云块。

我们想通过拍摄黑洞发射的光获取两个信息：气体云块距离黑洞有多远？气体云块围绕黑洞转的速度是多少？这与观测银河系中心黑洞附近的恒星运动，从而算出银河系中心黑洞的质量类似。

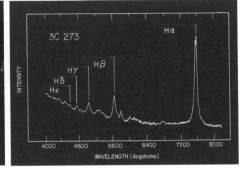

第一个活跃黑洞的图像和光谱

左图是人类看到的第一个活跃黑洞——3C 273的照片，这是我们在光学波段可以看到的它的样子。它像一个星点，所以我们称它类星体（类似恒星的天体）。实际上，它是一个活跃星系的中心，也就是一个黑洞。右图是这个黑洞的光谱，它包含了很多个频率的信息，反映了在比较窄的频率波段光的强度有多强。为了形象地理解这个光谱，我们可以做一个类比：如果我们把光的频率比作声音的频率，我们看到的光学图像就像是在钢琴上同时弹下多个琴键发出的声音，而光谱就像弹奏一段音符分明的音阶，我们可以知道在

未来科学 ➕ 天文篇

很小的频率波段它的声强（光强）是多少。

天文学家的工作是什么呢？就是从技术上分析这样的光谱，从而找出哪些光是吸积盘发出的，哪些是气体云块发出的。就拿这个光谱来说，气体云块发出的光是发射线，而吸积盘发出的光是连续的，如果做一个拟合，情况就是图中的连续谱。

通过研究气体云块发出的信号，我们能知道气体云块围绕黑洞转的速度；基于一些经验关系，我又能从连续谱的信息中知道气体云块距离黑洞有多远。有了这两个数据，天文学家就可以算出黑洞的质量了。

和黑洞当朋友10多年了，我从它身上学到了很多东西，也觉得黑洞真的是宇宙中最优雅、最单纯的天体。因为完整地描述黑洞只需要三个参量就够了：质量、电荷（是否带电，带正电还是负电，带多少电）、转动能力（角动量）。可即使是完整地描述人的大拇指指甲盖，需要的参数就不止上亿个：指甲盖由分子组成，分子由原子组成，原子中有原子核和电子，原子核又由质子和中子组成，质子和中子中又有夸克，要描述夸克又要许多参数……和上亿个参数相比，只用三个参数就能描述清楚的黑洞确实是非常单纯的天体。

一个太阳黑洞的视界半径只有3000米，一个地球黑洞的视界半径只有9毫米，虽然黑洞自身尺寸非常小，但黑洞所居住的星系比它本身大得多。如果将一个黑洞比作一粒小黄豆，那么它居住的星系就相当于一个直径5万米的大球。尽管体积相差巨大，但"小家伙"黑洞每秒钟发出的能量和光却是大家伙"星系"每秒钟发出的几千倍，甚至还可能对"大家伙"产生一定的影响。

黑洞研究领域十分宽泛，有人通过观测光测算黑洞的质量，有人基于测算好的黑洞质量研究黑洞和星系的关系，也有人研究吸收线的特征、研究星际介质的情况……然而与黑洞相比，整个宇宙学又是一个更大的研究领域，其中每个科学家的研究领域其实都是沧海一粟。

愿我们都能做个像黑洞那样优雅、纯粹的人。黑洞很小，但仍可能对比它大许多的星系产生巨大影响；我们也很渺小，但作为历史长河的一部分，也能激起一点水花。

思考一下：

1. 证明黑洞存在的证据有哪些？

2. 黑洞对我们的影响微乎其微，那科学家为什么还要研究它？又是怎么研究它的呢？

3. 你想认识优雅单纯的宇宙朋友黑洞吗？它的哪一点最吸引你？谈谈你的看法。

演讲时间：2019.5
扫一扫，看演讲视频

如果科学家造出了黑洞，它会吞噬地球吗？

张帆
北京师范大学天文系副教授

引力不是力，而是时空弯曲的表现

比萨斜塔

为什么黑洞看起来像个甜甜圈？想明白这个问题，我们要先知道广义相对论。

广义相对论的诞生最早可追溯到比萨斜塔实验。意大利物理学家伽利略将一个重球和一个轻球同时从斜塔上扔下来，它们最后居然同时落地。这个结果出乎人们意料，因为在做实验之前，人们普遍认为物体下落的速度和它的质量相关。

后来，爱因斯坦仔细思考这个实验结果，发现了很有趣的事情——引力和其他的力完全不一样。他提出了一个"电梯思想实验"，向经典引力定律发起了挑战。这个实验描述如下。

爱因斯坦假设，在一个理想电梯中装有各种实验用具，并且有一位实验物理学家在里面安心地进行各种测量。

当电梯相对地球静止的时候，电梯里的实验物理学家将测出电梯里的一切物体都受到一种力。若没有其他的力与这种力相平衡，这种力就会使物体落向电梯的地板，并且所有物体下落时的加速度是相同的。由此，实验物理学家能够得出结论：他所在的这个电梯受到外界的引力作用。

如果让电梯本身做自由下落的运动，实验物理学家将会发现，电梯里的一切物体都不再受到原来那种力的作用，物体的加速度没有了，电梯里的一切都不再表现出任何受引力的迹象。无论是苹果还是羽毛都可以自由地停留在空间中，实验物理学家可以在电梯底部行走，也可以在电梯顶部或侧壁行走，各种行走所需的力气完全相同。此时，实验物理学家通过观测任何物体的任何力学现象都不能获得任何引力存在的迹象。

　　这就是说,在这个理想电梯的参照系中,引力被完全消除了。电梯中的实验物理学家既不可能通过物理现象来判断电梯外面是否存在一个地球这样的引力作用源,也不能测量出自己的电梯是否在做加速运动。

　　在这种情况下,爱因斯坦开始思考:如果任何实验都不能区别这两种情况,那么作为实验科学,物理学应当认定它们是等效的。换句话说,引力不是力,它并没有加速物体。我们平时生活中经历过的"引力效果",大多是因为我们选择了奇怪的参照物。

　　话虽如此,这并不意味着引力在任何时候都没有效果。引力当然存在,只不过它不是一种正常的力。不受力的物体走直线,但是在大尺度上,比如在地球的周围,各个地方受到引力的方向都指向地心,而且方向都不一样。

　　在右侧上图显示的思维实验中,这两部电梯一开始平行下落,但最后它们会撞到一起,因为引力会引导它们向地心方向运动。因此,可以用实验来验证引力结果。

　　如果引力不是力,那不受力的物体应该沿直线运动。沿直线运动的两个物体开始的时候平行,为什么后面就不平行了? 很明显,这种情况无法在平面上发生,在平面上平行的物体会一直平行,但在弯曲的曲面上,这

两部下落的电梯

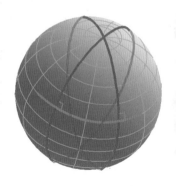

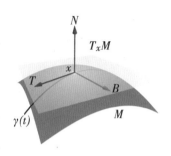

种变为不平行的情况就有可能发生。

上页中间图里，在赤道位置，两条红色线与橙色线的夹角度数相同，因此可证明两条红色线平行。然而，当两条红色线渐渐向地球两端延伸时，它们就会撞在一起。爱因斯坦此时想到，引力不是力，引力其实代表时空的弯曲。让物体在任意形状上走直线，意味着物体会在这个形状上选取路程最短的线，而一旦这个形状本身很奇怪，那么这些线也会表现出奇怪的特点。

现在我们就可以理解为什么在一部电梯里没有办法测出来引力是否存在，但是在大的尺度上，当引力场有变化时引力的效果就有所体现了。

想象你是一只位于上页下图中x点的蚂蚁，这时你无法区分自己究竟是在上方的平面上，还是在下方的曲面上。这与我们身处地球却感受不到地球是圆的类似，只有把自己拉到一个很大的尺度上，看到了引力场的变化，我们才会知道原来时空是弯曲的，我们在一个弯曲的面上。

引力既然是时空弯曲的表现，那么产生引力的物质就必然要弯曲时空。物质如何弯曲时空？如果引力不是力，那么为什么没有受到力的人不会因为跳一下就飞到太空中呢？

在黑洞的边际奋力逃脱

可以把空间想象成一条瀑布，水不断向下流，而且越向下流速越快。即便人往上跳，也还是会被瀑布冲下来。换言之，如果在宇宙中一处很小范围里有一个质量很大的物体，那么这个物体周围"瀑布"的流速将会极快，因此以最快速度游动的鱼也没有办法游出去。

爱因斯坦曾说，宇宙里最快的速度是光速。如果一条光速游动

一条鱼拼命想游出瀑布

在瀑布边缘试探的船

的鱼都逃不出这条瀑布，那么这条"瀑布"就叫黑洞，鱼刚好逃不出去的位置就是黑洞的边际，叫作事件视界。

在事件视界之外，光虽然不会被吸进去，但也会受到影响。就像上图中的这条船，即便人们再怎么努力地沿直线划动，但船还是

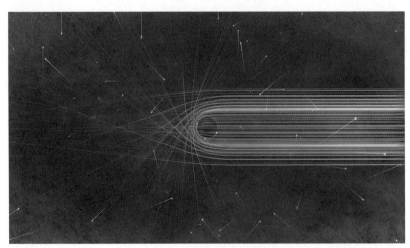

黑洞周围弯曲的光

会因为受到横向流速很快的水流影响而被拖着拐弯。

因此，黑洞周围的光不仅会弯曲，还会绕着黑洞旋转。黑洞的效果与放大镜的效果类似，放大镜之所以有放大功能，是因为光线通过放大镜发生了偏折。

我们可以把黑洞想象成一面巨大的哈哈镜。如果在黑洞周围放一团炙热的气体，让它绕着黑洞转，你会看到它有好多个影子，但实际上气体只有一团。我们从不同角度看黑洞这面哈哈镜，它就会映射出这团气体不同的奇怪影像。

在与甜甜圈类似的黑洞照片中，黑洞其实在中心黑色位置之内，它周围一圈则是黑洞外面物质发射的信号——被哈哈镜一般的黑洞折射出来的射电信号。当然，人类肉眼看不到黑洞图上的景象，因为人眼看不到微波，黑洞的图片实际上是根据信号强度做出来的示意图。

如果可以在黑洞附近观看，我们会看到黑洞周围是彩色的。彩色并不代表黑洞的美丽，而是因为这些绕黑洞旋转的气体在不同的地方温度不一样，辐射出的色光也就不一样，所以会呈现为彩色。

黑洞"甜甜圈"实际上是黑洞的剪影，中间那个黑圈才能说是黑洞的本体。我们拍到的照片中黑洞本体距离我们约5500万光年，因此在天空中它看起来非常微小，几乎只是一个小点。黑洞中央有暗斑，人们很难在这个微小的点上分辨出明暗。如果观测图像变得更加模糊，那么黑洞看起来可能就是天空中的一个亮点，而在宇宙中，我们可以观测到很多这样的亮点。

全球合力，为黑洞拍一张"大头照"

要得到精细的照片，就必须有特别高的角度分辨率。怎样才能获得更高的角度分辨率呢？

我们通过干涉阵列的方法获得高角度分辨率。黑洞的信号在某一时刻同时向外传播，但它们到达地球上各个射电望远镜的时间有差别。这个时间差显然与信号来源的方向和望远镜之间连线的夹角相关。利用时间差，科学家们就能用干涉的方法将这些信号的来源方向提取出来。同时，时间差又和望远镜之间的距离成正比。

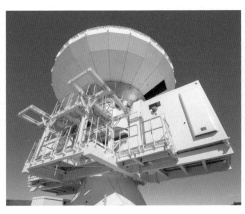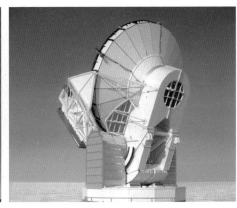

位于格陵兰的望远镜（左）和位于南极点的望远镜（右）

如果两个望远镜之间的距离特别长，我们就会得到比较大的时间延迟，这个时间延迟会告诉我们信号究竟是从哪个方向来的。在仪器精度不变的情况下，我们就可以得到特别高的角度分辨率了。

因此，参与拍摄黑洞的射电望远镜阵列涵盖了从格陵兰岛到南极不同地方的望远镜，这些望远镜之间的距离已接近地球直径。其中位于智利的望远镜阵列灵敏度特别高，在望远镜阵列中起到非常重要的作用。

如果我们造出黑洞，它会毁灭世界吗？

我们可以观测遥远宇宙中的巨大黑洞，也有可能在地球上创造很小的黑洞。

电影《星际穿越》的科学顾问、著名理论物理学家基普·索恩（Kip Thorne）曾提出一个猜想：如果给定一个物体，根据它的质量做一个特别小的呼啦圈，然后让呼啦圈旋转，转的过程中始终能把这个物体包含在内。换句话说，物体在各个维度、各个方向都要能够被包含。那么，这个物体必定会形成一个黑洞。

大型的粒子对撞机能把很高的能量，也就是很大的质量集中在一个很小的范围里，所以这个猜想也许能够实现。

如果我们真的用粒子对撞机造出了黑洞，它会吞噬地球吗？

这不可能发生。

首先，黑洞很难形成。形成黑洞需要两个粒子正好迎头撞上。如果不在微小的尺度上修改引力，引入一个高维空间，这一点很难做到。

其次，黑洞产生之后，还要面临蒸发的问题。黑洞蒸发是霍金提出的理论，而且越小的黑洞蒸发得越快。即便黑洞不会蒸发，它

也能长期而稳定地存在，不会吞噬地球。

黑洞的引力虽然强，但只有在距离它特别近的地方才能体会到。离黑洞比较远时，黑洞的引力实际上和一个同等质量的基本粒子没什么区别，它不会把远处的物体吸过去吞掉。基本上没有什么东西能够正好跑到离黑洞特别近的地方。

就算科学家能造出黑洞，那这个黑洞也会比原子核小得多，没有什么东西能跑到距离黑洞特别近的地方给它"吃"。所以黑洞唯一会做的事情，也就是沉到地球中间，就静静地"坐着"。

掉进黑洞是一种什么体验？

虽然我们在现实里还无法进入黑洞，但电影里经常出现与黑洞有关的情节。

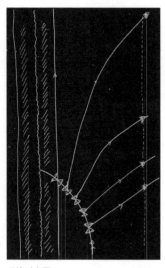

手绘时空图

在《星际穿越》中，男主角库珀后来跳到了黑洞里。在经过事件视界时，他基本不会有任何感觉。这是因为除非有潮汐力存在，否则根据等效原理，物体在自由落体时没有任何感觉。超大黑洞的总体引力很强，但它的半径也会很大，在事件视界附近，它的潮汐力其实很弱，而人的尺寸比黑洞的尺寸小得多。所以在人身上，黑洞引力没什么变化，即没有什么潮汐力，所以库珀并没有感到什么不适。直到当他接近奇点的时候，黑洞的潮汐力会变得很大，人如果头朝下竖着掉入黑洞，他就会被撕碎；如果横着掉入黑洞，他就会被压扁。

此时，宇宙飞船里由安妮·海瑟薇饰演的女主角布兰德博士其实看不到库珀掉到黑洞中，她会以为库珀一直凝固在事件视界上。

在这张手绘的时空图中，竖向代表时间，横向代表空间，实线表示事件视界，弯弯曲曲的线代表奇点，弧线代表库珀的运动轨迹。事件视界是任何光都永远无法逃脱的地方。换句话说，光是沿着事件视界在运动。如果想让布兰德看到库珀，必须有光从库珀那里发出并抵达布兰德的眼睛，但因为光无法从事件视界里逃脱出来，所以里面的光永远抵达不了布兰德眼中，布兰德也就永远不知道库珀掉进黑洞了。同时，离事件视界越近，光越难往外走，需要花费的时间就越长。布兰德只会看到库珀走得越来越慢，最后贴到事件视

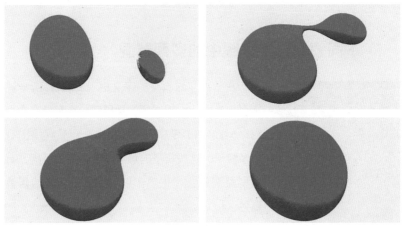

界上不动。如此看来，事件视界真是很奇妙。

更奇妙的是两个黑洞的合并。以上图片展示了两个黑洞合并时的状态，两个黑洞的事件视界最终合并成了单一的事件视界。两个事件视界在合并的时候，就像两只小手牵在一起。它们怎么这么厉害？它们怎么知道对方要往哪个方向伸手？怎么知道未来会发生什么事？怎么确定能完美地合并呢？

这其实涉及了事件视界的另一个特性——预知未来。光"永远"无法从事件视界里逃脱，所以光在某一时刻其实并不知道自己是否位于事件视界里。只有等到宇宙灭亡，从时间结束时追溯回来看，它才会知道自己最后到底有没有跑掉。因此，事件视界的定义就限定它不是局部的物理所能决定的。

在黑洞合并过程中，黑洞的质量会减小，因为有一部分能量被引力波带走了。但是贝肯施泰因（Bekenstein）和霍金告诉我们，黑洞的表面积实际上增大了。这个结论听起来有点违反常理，但是确实成立。这种情况只在经典引力的情况下存在。当我们把量子力学加入进来之后，又发生了另外一件事：黑洞的表面可以减小，而且黑洞最后会蒸发。这就是之前讲的为什么小黑洞不会消灭地球。

不同领域科学家眼中的多面黑洞

霍金辐射

事件视界

量子力学对真空的定义由观测者决定。《星际穿越》中，库珀看到的是周围什么都没有的真空，但在宇宙飞船里的布兰德看到黑洞周围有很多粒子。这些粒子的热运动就会产生温度，有温度黑洞就会产生热辐射，这就是著名的霍金辐射。

在宇宙真空里，实际不断会有一对粒子产生，很快它们互相抵消然后消失。这是因为不确定性原理。该原理认为，在一个很小的时间范围内，能量是测不准的，所以能量不需要守恒。

你可以造出两个粒子，只要它们能在短时间内抵消再消失，把能量还回去，那一切都相当于没发生过。实际上在计算量子力学的时候我们会用另一个等效方法，还是假设能量守恒，但是给这两个粒子特别奇怪的能量值。这样一来，质能方程式$E=mc^2$在此就不适用了。

这种粒子产生再消亡的情况如果发生在黑洞附近，情况就会变得更复杂。比如其中一个粒子掉到黑洞里，或者一开始就在黑洞里，而另一个粒子在黑洞外。里面的粒子没法出来和外面的粒子相互抵消，外面的粒子就可以跑掉并带走能量，这样就无法把能量偿还给真空。于是这笔账需要黑洞替它还。长此以往，黑洞的能量就会被带走，黑洞就会逐渐变小，直至最后消失。跑掉的粒子就是霍金辐射。

霍金辐射还有一个特别奇妙的地方。它是纯正的黑体辐射，它只和黑洞的质量、旋转速度和电荷相关，和黑洞由什么组成没有任何关系。不论是扔一本字典还是扔一块石头进去，增大黑洞的质量一样，它们的霍金辐射也是一样的，我们没有办法通过霍金辐射识别最开始扔的是字典还是石头。

霍金辐射和太阳的黑体辐射不一样，太阳的辐射里其实有很详细的信息，只不过人们用热力学描述太阳辐射，故意忽略了它们。而霍金辐射没有细节，无论是什么信息，被黑洞给吞了以后就出不来了。直到黑洞蒸发消失，这些信息也就跟着消失了。

然而，信息凭空消失的说法让一群人无法接受，他们就是量子物理学家。

"薛定谔的猫"是量子力学领域里非常知名的思维实验。在实验里，猫处于既生又死的状态，量子力学会告诉你它生的概率是多少，死的概率是多少。但如果你打开盒子观察猫，那猫的生死就被确定了，概率就没有了，量子力学中用来描述概率的物理实体也就瞬间改变了。当然，这种人类行为瞬间改变物理实体的说法是比较

早先的解释。更现代化的解释是猫的状态"传染"给你了。一个看到猫生的你和一个看到猫死的你同时存在，就像猫既生又死一样。但这两个你之间不能通信，也没法影响到对方，这就叫多重世界解释。

多重世界解释并不是指我们的时空会分裂出很多平行宇宙，而是不同状态的你其实和那只既生又死的猫一样，生活在同一个时空上。

不论如何，量子力学需要有一个统计学的解释，就需要所有可能性所对应的概率加起来等于1，也就是总概率为100%。只是告诉你某个事件对应的数是0.9，但不告诉你所有事件的数加起来是不是1，其实等于什么也没有告诉你，你没有办法推测出有用的概率。信息在黑洞中丢失就会造成这种概率总数不一定为1，但我们也不知道它究竟是多少的尴尬状况。所以量子力学科学家对信息丢失后总概率无法确认为1的说法痛恨至极。他们一直在挑霍金的错，但一直挑不出来。所以他们就通过旁证，用别的办法论证信息其实不应该丢失。

不管如何让信息不丢失，他们先假设霍金辐射理论能够被修改。被修改之后，黑洞附近复杂的量子过程产生的信息能够被霍金辐射带出来。虽然不知道这个过程具体如何，但是量子信息学家告诉我们，要想将信息有效地提取出来，那么这些霍金辐射出的粒子必须通过量子纠缠的方式勾连在一起。

我们可以这样理解量子纠缠：把两个粒子放在一起制备，将一个放在这边，另一个放在很远的那边，但仍然有神秘的作用联系着它们。如果测量其中一个粒子，另一个粒子的状态马上就会发生改变。"马上"的意思是不需要任何时间，这明显是超光速的。

如此一来，爱因斯坦提出了反对意见。爱因斯坦认为宇宙里最快的是光速，可你们怎么弄出超光速来了？当然，后来人们发现这种方法并不能用来传递信息，所以广义相对论和量子力学之间的矛盾才没有变得那么尖锐。人们通过利用实验来证明贝尔不等式的方法，验证了量子纠缠。当然，贝尔不等式实际上有漏洞可钻。我们在这里就不展开了。

说回霍金辐射。如果把霍金辐射出的粒子纠缠上，我们是能够提取信息的。如刚才所说，霍金辐射的存在以粒子牺牲黑洞里的同伴为代价，所以辐射出来的粒子其实已经和掉进去的粒子纠缠在一起了。如果它想按量子信息学家要求的那样和其他跑出来的粒子纠缠，就需要先和里面的粒子断交。断交过程中会释放很多能量，就会产生火墙。

所以有一些量子专家认为断交的结果是在事件视界附近形成一个充满极高能量粒子的区域——火墙。这样一来，库珀就不会像经典物理学家说的那样毫无感觉地通过事件视界，完全不知道自己面临死亡的威胁。相反，他会被火墙烧焦，甚至直接烧成粉末。

然而研究广义相对论的学者就要提出反对意见了。他们认为这种说法完全不合逻辑，直接违反了爱因斯坦广义相对论的等效性原理——除去潮汐力，以自由落体方式落入黑洞的人感受到的物理规律应当和飘浮在空旷的星系空间的人相同。

确定事件视界的位置需要能预知未来。光子自己都不知道是否身处事件视界上，如果要在事件视界周围放火墙，难道要让火墙去预知未来吗？这样整个物理学都要重新改写了。

事实上，我们在照片上没看到火墙。当然可以说火墙是在黑洞晚期才形成的，但也有人说应该是在早期形成的。总之，没有人能够真的证实火墙应该什么时候形成。

于是，很多搞引力研究的人就说，既然要做那么多改动，还不如承认信息丢失，修改量子力学的理论而非试图修改相对论。尤其是罗杰·彭罗斯，他认为黑洞信息丢失是他提出的循环宇宙模型中很关键的一部分。

　　总而言之，除了观测上的趣味和奇妙的照片，黑洞也非常适合做思维试验，它是"凭空"就能推动科学发展的东西。

思考一下：

1. 引力其实代表什么在弯曲？你能用形象的比喻描述它吗？

2. 如果你掉进黑洞，你自己看到的景象和黑洞外你的朋友看到的景象各是什么样的？

3. 不同领域的科学家对黑洞提出了不同观点，推动了科学在不同方向的发展，你从中得到了怎样的启示？

演讲时间: 2019.4
扫一扫，看演讲视频

用两个字的理论，解答几百年的三体问题

夏志宏
美国西北大学终身教授

从万有引力到三体问题

牛顿开启了近代科学的大门，是一位非常了不起的科学家，或许我们可以称他为人类历史上最伟大的科学家。牛顿发现了牛顿力学，发明了微积分，还总结出了万有引力定律。

据说，牛顿在剑桥大学的苹果树下睡午觉时，一个苹果掉下来砸到他的头上，这触发了他的灵感，让他发现了万有引力定律。这当然只是一个传说。实际上，在牛顿之前的几百年间，已经有众多科学家对太阳系行星的运动进行了观测和研究，从而为万有引力定律的发现创造了条件。这些科学家中，最著名的要数开普勒。开普勒提出了"行星运动三大定律"，而这三大定律又是从一个叫第谷的天文学家那里得来的。

第谷是一位丹麦天文学家。他脾气暴躁，据说他年轻时曾与人决斗，却被砍掉了鼻子。不过，

DE MOTIB. STELLÆ MARTIS

开普勒和他在《新天文学》中的火星运动研究

第谷和丹麦国王的关系很好，为了方便第谷观测，国王将一座岛划给他修建天文台，甚至在岛上建了一个造纸厂，专门供应研究所需的纸张。第谷是最后一位用肉眼观测行星运动的天文学家，虽然当时的观测任务非常艰难，但国王的支持给了他很大帮助。

然而，在第谷的天文研究工作进行了一段时间后，新国王上位了。新国王不喜欢第谷，他只好离开丹麦。波希米亚统治者鲁道夫二世很喜欢第谷，第谷得以在布拉格继续他的天文学研究。

第谷

在移居布拉格四年后的1601年，第谷在参加一场宴会后突然患病并很快去世。人们争论第谷的死因，有人怀疑他可能是被毒死的，但更普遍的观点是认为他在宴会上喝了太多酒，却因为不想表现得无礼而没去上厕所，结果憋出急症身亡。他也许是唯一一个"被尿憋死"的科学家。这种说法也一直存在争议，所以在第谷去世300年后的1901年，人们把他的尸体挖了出来，想确定是否真的有人给他下毒，结果发现第谷没有中毒，他可能真的是因泌尿系统急症而死亡的。

又过了100年，人们又在猜测第谷身上的另一个谜团——他真的有假鼻子吗？他的假鼻子又是什么材料做的？一部分人认为是金银制的，一部分人认为是铜制的。因此，2010年第谷的尸体又被挖了出来。经过检查，他的假鼻子是用黄铜做的。第谷真是有趣又倒霉，但也正是他奠定了万有引力定律的基础。

牛顿发明了微积分、牛顿力学和万有引力定律，这三个发明恰好把一个天文学问题变成了一个数学问题：我们可以根据物理定律精确计算行星运行的轨迹。方程分为代数方程和微分方程两类，某种程度上，预测天体运行就变成了求解一个数学微分方程。

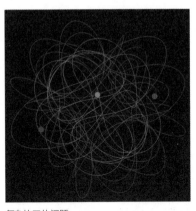

复杂的三体问题

在天文学的数学问题中，最简单的是二体问题，比如预测太阳和一个行星的运行轨迹。这时候要解的微分方程相对简单。只要经过简单训练，大部分人都可以写出二体问题的解。

与二体问题相比，三体问题更加复杂。构成三体问题的三个天体可能是一个与太阳类似的恒星和两个行星，也可能是两个像太阳一样的恒星和一个行星。

太阳和一颗行星构成的简单二体问题，它的解比较规范，因为存在星体的运动相对规则。在三体问题的轨迹中，我们会发现三个质点在空间中的运转轨迹形状非常复杂、毫无规律，这就是三体问题的基本性质——三个天体的运动毫无规则可循。

太阳系行星大小比较：从左到右、从上到下、从大到小依次为木星、土星、天王星、海王星、地球、金星、火星、水星

除了太阳这颗恒星，太阳系中有八大行星和冥王星这类矮行星，有几百万颗小行星，有行星的卫星，还有现在尚未发现的其他大行星……

仅在太阳系内，这组微分方程就非常庞大复杂了，已经远远超过三体问题，成了多体问题了。在连三体问题都很难解决的当下，想解决多体问题就更难了。

《三体》解决三体问题了吗？

三体问题到底是否可解？有没有一个可解的公式？很遗憾，一般微分方程都不存在一个解的公式，因为我们掌握的函数太有限，用初等方法无法写出解来。

众所周知，代数方程比微分方程简单得多。只要学习相关知识，二次方程和三次方程都可解出；四次方程比较复杂，但也并非难解。然而，到五次方程以后，初等的解就再也不存在了。也就是说，五次方程并非无解，而是它的五个根无法用一个公式写出来。

著名的伽罗瓦理论和阿贝尔定理都说五次方程不存在一个初等形式的解，但是在牛顿所处的时代，还是有很多人试图解微分方程，以期找到首次积分，也叫经典解。

解方程需要找首次积分。能量积分、角动量积分、动量积分都是首次积分。人们花了几百年时间想找出三体问题的其他首次积分，但遗憾的是，直到今天，现代数学还是证明不存在其他的首次积分。

因此，用这种经典的方法不可能解出三体问题，这意味着在经典意义下三体问题是不可解的。这种"不可解"在实际应用中表现为无法写出一个公式，也就无法得出一个确切的时间。比如，你想知道100万年以后太阳系是什么样子，那么因为三体问题没有解的公式，我们还是无法获得答案。

不过，写不出来不等于没有解，解还是有的，只是写不出它的公式。当然，我们可以让计算机帮忙计算，但这中间涉及另一个问题——误差。在计算机计算的过程中，短期误差很小，但时间越长误差越大。所以，几千年、几万年、几百万年以后到底会发生什么，现在的计算机算出来的答案还不可信。我们没有办法预测行星运动的未来。

虽然无法预测未来，但我们也想知道行星运动的大概情况。能否用其他数学分析方法推断出太阳系是否稳定呢？毕竟这对我们来说还挺重要的。如果太阳系不稳定，那么地球离太阳太远就太冷，离太阳太近又太热。

太阳系是稳定的吗？

在小说《三体》中，没有规律的三体运动导致有时三个太阳同时出现，过高的温度把三体人全部烧死甚至烧成另一种形态的生命。

在现实世界，科学家们也对三体问题很感兴趣。

牛顿认为行星运动是不稳定的。不过，牛顿虽然是一位伟大的科学家，但他在后半生一直试图用数学方法证明神的存在。他甚至认为如果有神帮忙每隔一段时间就推动一下地球，太阳系不稳定的问题就可以解决了。

现在的人们很难相信牛顿居然花了这么长时间用数学公式推导神哪天来推动地球。虽然牛顿生活在思想开放的文艺复兴时期，但他这种想法仍然受到了众多科学家的批判。

其实，当时基本上所有大科学家都想解决重大而难解的三体问题。有人认为行星运动是长期稳定的，有人认为恰恰相反。每个科学家都有自己的想法和证明方式。但是，经过这么多年的观测和研究，人们越来越认识到，在物理世界中稳定现象其实才是罕见的，不稳定反而更常见。这种不稳定现象有一个现代的名字——"混沌"。

关于"混沌"的有趣历史

在解释"混沌"之前，我们先了解一段有趣的历史。

奥斯卡二世曾是挪威和瑞典的国王，他热爱艺术和科学，也读过很多数学书，经常请一些科学家举办讲座。1889年，在奥斯卡二世60岁生日之际，他接受了一个数学家哥斯塔·米塔-列夫勒（Gösta Mittag-Leffler）的建议，成立了奥斯卡二世数学大奖。这个大奖就是为能解决三体问题的人而设置

奥斯卡二世

保罗·潘勒维

亨利·庞加莱

的。现在，我们知道三体问题不可解，这项大奖理应没人能获得。

在被奥斯卡二世邀请来举办讲座的科学家中，有一个人叫保罗·潘勒维（Paul Painlevé）。潘勒维既是数学家，也两次担任法国总理。19世纪90年代，潘勒维提出了"潘勒维猜想"：在几个星体因万有引力相互作用的情况下，某个星体可能会在有限时间内被其他星体甩到无限远的地方。在潘勒维猜想提出差不多100年后，我在博士论文里终于把这个问题给解决了。为什么我能解决呢？正因为我们现在对三体和多体系统有了进一步认识，了解到一种叫"混沌"的结构和原理。我就是用混沌的机理证明了潘勒维猜想。

与潘勒维一起竞争奥斯卡二世数学大奖的还有另一位数学家——亨利·庞加莱，他也是数学史上的重要人物。

庞加莱写了一篇文章宣称自己解决了三体问题，于是评奖委员会将奥斯卡二世大奖颁给了他。而今我们知道三体问题不可解，事实上，庞加莱的一个学生也很快就发现他的文章里有一个致命错误。大奖居然颁给了发表错误文章的人，事情麻烦了。庞加莱开始意识到三体问题的复杂性，所以他重新写了一篇文章，里面首次提到了混沌现象。最后，评委会主席卡尔·魏尔施特拉斯（Karl Weierstrass）认为，尽管庞加莱没有解决三体问题，但重写的新文章同样非常重要，因此仍有资格获得大奖。

有趣的是，奥斯卡二世数学大奖的奖金约是庞加莱两个月的工资，但因为第一篇文章出错，庞加莱不得不重新印刷、发行印有文章的那期杂志，结果花了他四个月的工资。算下来，他甚至亏了两个月的工资呢！

失之毫厘，谬之千里

混沌到底是什么？我们可以从这个棋盘说起。据说印度数学家西萨·班·达依尔发明了国际象棋，印度国王打算因此发明奖赏西萨，于是他问西萨想要什么奖赏。

西萨说：很简单，在棋盘的第一个格子上放1颗麦子，在第二个格子上放2颗麦子，在第三个格子上放4颗麦子，在第四个格子上放8颗麦子……以此类推，每个格子上放的麦粒数都是前一格的2倍。我要的奖赏就是能把棋盘的格子都填满的麦子。

国王听了心想这很简单，不过是几颗麦子而已。然而，如果要满足要求，到底需要多少颗麦子呢？棋盘上一共有64个格子，那就需要$2^{64}-1$颗麦子！换算一下大约是140万亿升麦子！从人类开始种植麦子至今，全球的麦子产量也没有这么多。按照现在的产量，估计要2000年以后才能产出这么多麦子。

这个故事说明，即使是2这样的小数字，经过一次次翻倍直到63次以后，也将变成一个天文数字。因此，任何数据都不能一次次地翻倍，几何级数的增长速度特别快。

这与物理系统有什么联系呢？假如在一个盒子里放几个空气分子，我们先测量这些分子的初始位置和初始速度，并在这一过程中保留微小的误差。观察这些分子的运动情况，你会发现，因为分子运动非常不稳定，所以在1秒内误差就会翻倍。再隔1秒（甚至不到1秒），误差又会翻倍。1分钟后，误差值可能已经变成天文数字了。

这说明在一个物理系统中，如果微观状态下小误差一直翻倍，那这个误差就会对系统产生极大影响。在上面的例子中，虽然误差数值很大，但盒子的大小限制了分子的运动，分子运动到盒子边缘后会反弹回来，所以整体上它的误差达不到天文数字。但是从微观和局部角度看，误差可以让原来的系统和预测的系统完全不一样。

在一个混沌的动力系统中，小小偏移就可能导致误差的指数级增长，但是整体上误差仍在盒子的限制范围内。混沌就是在小范围内的微观状态上，误差呈指数形式增长。在数学中，这被称为正的李雅普诺夫（Lyapunov）指数。

混沌说明了什么？说明将来不可预测。为什么将来不可预测？因为最开始测试的精度无论有多精确都没有价值，1分钟以后的那个系统已经跟原来的系统完全无关了。这就是一个混沌动力系统的将来不可预测的原理。

混沌系统有什么用?

气象系统就是一种混沌系统:原本天气预报说今天有暴雨,但实际并没下雨,这是为什么呢?

一只蝴蝶扇动翅膀,可能引起远方的飓风

大家可能听说过"蝴蝶效应"。两个星期以前,地球另一边的芝加哥有一只蝴蝶突然扇动它的翅膀,对空气产生了扰动。这样一个小波动1秒钟后可能变成两倍大小,再等1秒钟可能就变成4倍大小……两个星期以后的今天,本应是晴空万里的北京却暴雨倾盆。这就是"蝴蝶效应"。

如此说来,想准确预告天气,就必须知道芝加哥的每一只蝴蝶两个星期前都干了什么。不仅是蝴蝶,我们还要了解飞机、火车等很多比蝴蝶大得多的物体。要准确预告两个星期以后的天气,把芝加哥所有东西的运动都弄清楚还远远不够,因为还有许多不同的城市……因此,如果你因为相信天气预报而淋雨,也请不要埋怨气象局,要怪就怪混沌系统吧!除了气象系统、湍流力学系统,三体问题现在也被证明是一个混沌系统,这也是三体系统的运动非常复杂的原因。

最后,我要讲一个应用混沌系统的例子。1991年4月,日本发射了"飞天"（Hiten）月球探测器。探测器上天后，科研人员却发现燃料不够，无法到达月球轨道。于是，日本向美国国家航空航天局（NASA）求救，NASA找到一个名叫爱德华·贝尔布鲁诺（Edward Belbruno）的数学家帮忙。贝尔布鲁诺重新设计了轨道，最后成功把探测器送到了月球轨道。

　　贝尔布鲁诺就是利用了有限燃料把探测器送到一个混沌区域。由于混沌区域不可预测，那么用一点点燃料推动探测器就会对它的运动产生特别大的影响。所以，只要把探测器放到合适的地方就有利于整个探测计划；如果这个地方不合适，那就让探测器微微抖动一下。过了几年，美国休斯公司发射的一颗通信卫星同样遇到了燃料不足的问题，这次贝尔布鲁诺轻车熟路，重新设计了轨道，成功把卫星送到了预定轨道上。这就是混沌系统在实际应用中的有趣例子。

思考一下：

1. 为什么二体问题容易算出答案，三体问题就很难得到解呢？

2. 混沌理论在哪些科学家的研究中得以发展？简单讲一讲它的历史。

3. 在日常生活中，混沌理论有哪些应用？

演讲时间：2019.9
扫一扫，看演讲视频

在南极和沙漠，捡拾天上的星星

林杨挺

中国科学院地质与地球物理研究所研究员

火流星

　　在晴朗的夜晚仰望星空，我们有时可以看到流星划过。遇到流星雨时，人们还喜欢比赛谁看到的流星更多。

　　实际上，流星和陨石没有关系。流星是宇宙中很小的尘埃，它在高速穿过地球大气层的过程中，因摩擦而发光发热，因此大部分流星都燃烧殆尽，只有很少一部分可能残留下来。如果要寻找这些流星的尘埃，最好到大气层外面去，比如在空间站上搜集。

　　陨石与火流星有关。火流星是闯入大气层的小行星，它以每秒十几千米至20千米的速度撞击地球，并在穿过地球大气层时因高速摩擦形成一个火团。火流星往往比较大，没有燃烧完全的部分掉落到地上被人们捡到，就是所谓的陨石。

　　　　　　　　　　　　　　　　　未来科学⊕·天文篇

熔壳——区别真假陨石的最重要特征

从陨石的降落过程中我们可以知道，陨石区别于地球岩石的一个特征就是它在高温燃烧过程中使表面熔融，并在快速冷却后形成一层玻璃，我们称之为熔壳。这层玻璃厚度仅有1毫米左右，与陨石内部完全不同，所以很好区分。这层玻璃往往会龟裂成多边形，时间久了之后会更加明显。

研究陨石时，我们经常会收到一些爱好者寄来的"陨石"，其中大部分是假的。有些样品表面虽然有"熔壳"，但大部分实际上是一些沙漠石头的漆皮，这层漆皮与内部组分是连续的；还有些是黑色的铁矿石，也不是真正的陨石。

熔壳是陨石最重要的特征，本质上是一层玻璃。大部分熔壳是黑色的，但有极少数非常特殊，呈现出玉石般漂亮的绿色。

约90%的陨石含有金属颗粒，因为金属很容易生锈，所以去除熔壳后的陨石内部成分常表现为浓淡不一、锈迹斑斑的褐色，这也是鉴定大部分陨石的重要特征。

有些陨石由一些很小、很圆的石质球体组成，它们是在没有重

 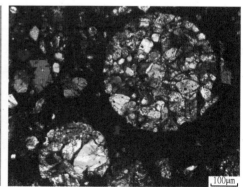

球粒陨石和光学显微镜下其中的石质球粒

新疆铁陨石

由两种镍含量不同的铁镍合金构成的维斯台登结构

力的条件下熔融形成的。这些石质球体叫球粒，这种陨石就叫球粒陨石。

除此之外，还有一种大家比较熟悉的由金属构成的陨石叫铁陨石。在乌鲁木齐的新疆地质矿产博物馆前，摆着一块我国最大的铁陨石——新疆铁陨石。

如果从铁陨石上切下一块并打磨抛光，然后用很稀的酸腐蚀抛光表面，陨石上就会产生不均一的花纹。陨石中两种不同的铁镍合金中镍含量不同，抗腐蚀性也不同，因此就会出现这种花纹。这类陨石的花纹结构需要上百万年时间慢慢冷却才能形成，所以在实验室中没有办法仿制。

如果火流星在落地之后马上被人们捡到，这种火流星就称为目击降落型陨石。目击降落型陨石非常稀少。另外，因为它刚刚掉下来就被捡到了，所以在地质学家眼中它很新鲜。

我国有一些很著名的目击陨石，包括1976年坠落在贵州省的清镇陨石、1983年坠落在陕西省的宁强陨石，以及含有高压矿物的随州陨石和岩庄陨石。目前我国有名字的目击陨石只有约67块，数量相当少。

　　陨石一般坠落在人烟稀少的地方，但在少数情况下会砸到人、车甚至砸入人家里。2008年4月12日，距清东陵约3000米处的一个叫兴隆泉的小村庄也发生了一起陨石坠落事件。村中一间房子的女主人离开沙发没多久，一块陨石直接砸穿房顶落到沙发上又弹到床上。陨石还在镜子上留下擦痕，最后碎裂成几块，总重约3千克。陨石落入人家是非常稀少的事件，幸运的是并没有人受伤。

　　2013年，俄罗斯发生了非常有名的车里雅宾斯克陨石雨事件。这场陨石雨坠落的陨石中最大的一块直接砸进湖里，收集到的样品总重量超过1吨。此次陨石撞击的能量非常大，强烈的冲击波损毁了很多建筑物，间接导致1000多人受伤。

　　小行星撞击地球虽然是小概率事件，但也有可能是大灾难。模拟计算表明，如果小行星直径超过140米，那么陨石撞击会给一个区域带来灾难性破坏；如果撞击地球的小行星直径超过1千米，就有可能导致全球性灾难。

走，去南极捡星星

我们在地球上目击坠落的陨石很少，被捡到的有1300块左右。实际上有名字的陨石总数已经超过8万块，绝大多数陨石都是在我们并不知道的情况下坠落的。

那么，哪里是捡陨石的好去处呢？南极！

众所周知，南极不仅气候恶劣，而且环境复杂、充满危险，所以我们内陆队去南极内陆科考之前还举行了出征仪式，喝了壮行酒。经过8天的路途，我们抵达了距离中山站400多千米的格罗夫山，在2005年的最后一天才到达营地。刚到营地的时候，我们队里的11个人虽然做的是各种各样的野外考察工作，但大家想到的第一件事就是去找星星。

第一个找到陨石的是机械师徐霞兴，他一找到陨石就赶紧喊："林老师，林老师，快过来！"我虽然一直做陨石研究，但也是第一次亲眼看到星星掉落在地球上的样子，所以当时非常激动。

第二天是2006年元旦，但大家做的第一件事还是找星星。最后，我们每个人都找到了陨石。我也亲自找到了第一块陨石，终于圆了南极找陨石的梦。

一块重达 4.7 千克的陨石和旁边的 GPS 记录坐标

橙色 GPS 边上黑色的石块就是陨石

南极格罗夫山地区的地表是蓝莹莹的冰面,部分表面覆盖着雪,在这样的背景下陨石非常显眼,所以很好发现。

冰碛带上有很多地球上的石头,找起陨石来还有些困难,但只要认准陨石的熔壳特征,就很容易辨认清楚。

当地的卫星图显示,冰从右边往左流动,被山脉挡住,而陨石大多分布在山脉的向下延伸处。

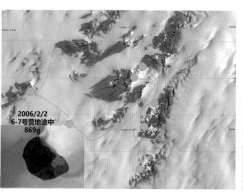

黄色和红色符号表示发现陨石的位置,绿色符号表示营地位置

出现"白化天"时的天气状况

在南极遇到的困难之一是白化天,此时天地白茫茫一片,不仅什么都看不见,还会失去方向感。

最危险的要数冰缝。因为被雪盖住,所以我们实际上看不见冰缝,只有车子从上面轧过去时它才显露出来。大冰缝尤其危险,车子和人一旦掉入其中,很可能就一去不回。

在南极生活的主要问题是没有青菜吃,而猪肉、牛肉、羊肉也都冻得硬邦邦的,用斧子才能砍动。当时我们只带了一棵大白菜,一直留到春节包饺子的时候才舍得吃。

在南极内陆的58天里,大家不仅完成了各自的野外考察工作,还捡到了5354块陨石。大家因此都高兴、轻松地踏上了返程。

危险的冰缝

在南极"做饭"

星星为何在这里"降落"?

是不是陨石都掉到南极去了，所以我们才都到南极去找？其实不是。陨石掉在地球各处的概率是相同的，在一年中，每1万平方千米范围内大概会坠落几块陨石，有时甚至更少。

南极之所以陨石比较多，原因有两个：一是南极非常寒冷干燥，而陨石又很怕水，因此只有在很干燥的环境下才可以保存上百万年；二是陨石随着冰的流动在被山脉阻挡的地方停下来，当强烈的风将冰吹走，陨石就留了下来。这两个原因让南极成了寻找陨石的

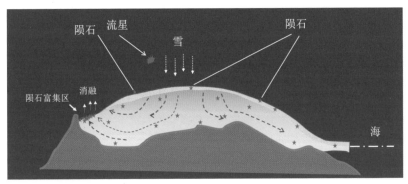

南极陨石的富集机制

未来科学 ✛·天文篇

最佳地点。

除了南极，另一个寻找陨石的好地方就是沙漠。

沙漠非常干燥，陨石在沙漠里保存十几万年也没有问题。但是沙漠中没有能够搬运陨石的冰，所以与南极相比，沙漠中的陨石不会被集中到某一个地方。

在我国西北部地区，尤其在新疆有大面积沙漠，近年也陆续发现了许多陨石，已命名的中国沙漠陨石就有400块左右。

陨石是非常珍贵的东西，那么我们在发现了陨石之后，需要注意什么呢？

首先，我们要从多个角度给陨石拍摄一些照片，记录陨石掉在地上的样子，然后用全球卫星定位系统（GPS）记录地理坐标，还要记录一下周边的地貌环境。

其次，需要特别注意的是，陨石怕水，所以它们应该保存在干燥条件下，并且保持密封状态。

还有，我们要注意不要用磁铁去吸陨石，因为这会改变陨石的磁性。

最后很重要的一点，就是要尽快联系专业机构来帮我们鉴定、分类和命名。作为鉴定和命名的交换条件，陨石拥有者要提供不少于20克或者整块陨石重量20%的样品作为该陨石的标本。

与地球上的普通石头不同，每一块陨石都有名字。没有名字的陨石的研究成果通常不能在学术刊物上发表。我们一般用发现地的地名给陨石命名，但是在南极格罗夫山地区发现了大量陨石，这时候我们会用"地名加时间加编号"的方式命名，如"GRV 020090"中，"GRV"代表格罗夫山，"02"代表2002年，"0090"则是它的编号。

陨石的出发地——小行星、月球和火星

全球发现的8万多块陨石大致有三个来源:小行星、月球和火星。

小行星在整个太阳系中分布得非常广泛,大多位于木星与火星之间的小行星带,而掉到地球上的属于近地小行星,它们的轨道与地球轨道相交。

我们并不知道大部分小行星陨石的轨道,但我们可以通过在三个及以上位置布设相机对准天空拍摄火流星的方式,再利用三角测量的方法计算出一些小行星陨石的轨道,并且根据计算出的位置去

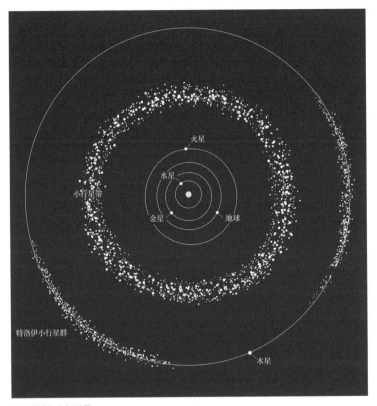

火星

水星

小行星带

金星　　地球

特洛伊小行星群

木星

行星轨道与小行星带

寻找陨石。用这个办法，人们在德国非常著名的新天鹅堡找到了一块陨石。

2008年，有一个天文台观测到一颗小行星，并计算出它的轨道，发现它不是仅跟地球近距离交会，而是会直接撞到地球上。20小时以后，这颗小行星确实撞击上地球，而且科学家们也在预测的位置找到了许多散落的陨石。

这些陨石很特殊，包含多种不同的类型，其中一种名叫橄辉无球粒陨石。这种陨石含有金刚石，即使想切下拇指头那么小的一块，也要花一天时间。

橄辉无球粒陨石

除此之外，还有在非洲沙漠找到的月球陨石，以及在2002年于格罗夫山找到的我国第二块火星陨石。

记录宇宙的历史，传递生命的信号

对大部分人来说，陨石是非常难得的上天馈赠的礼物，是天上的星星。而且，有少量陨石外观很漂亮，因此也是奇石爱好者的收藏品。

阜康橄榄陨铁

正因为陨石稀少珍贵，所以才有市场，然而这方面还没有明确的法律法规。在互联网上很容易查到一些陨石的交易价格，每克价格从几美元到一两千美元不等，差别非常大，这主要取决于陨石的类型。

然而对科学家来说，陨石最重要的价值在于科研。它们可以告诉我们太阳系的形成过程和各个行星的演化历史。不同类型的陨石讲述的是不一样的故事。

大部分陨石来自小行星，我们又称它们为太阳系的化石。通过这些陨石，我们可以知道太阳系如何从尘埃和气体构成的星云盘演变成拥有八大行星的星系。

除了认识宇宙的历史，陨石研究还能为我们监测、预警小行星的运动提供帮助，防御地球受到小行星的撞击。人类未来会走向太空，我们不会什么都从地球带到太空，所以小行星也是未来非常重要的太空资源。

月球陨石则讲述另一个故事。在"嫦娥五号"带回属于中国的月球样品之前，月球样品主要由"阿波罗号"飞船采集并带回地球，阿波罗计划的六次任务共采回382千克月球样品；苏联的三次任务从月球采回了300克样品。

而目前人们已找到633块月球陨石，总重量超过1000千克，远超过了"阿波罗号"采回的月球样品总重。

人类历史上确定的第一块月球陨石 ALH 81005

1981年，美国科考队在南极找到了一块陨石，编号为ALH 81005。这块陨石被带回去之后，马上被认出是月球陨石，成为第一块月球陨石。科学家发现这块陨石与"阿波罗号"采回的月岩样品完全一样，很容易确定它来自月球。

实际上在更早之前，日本科学家曾从南极找到三块月球陨石，但是当时他们并不认识月球的岩石，所以失去了第一个发现月球陨石的机会。

　　通过对比月球正面和背面的钍（Th）和其他元素含量分布情况，我们可以发现月球组成是不均匀的。"阿波罗号"和苏联的月球样品，都采集于月球正面很小的区域内。那么背面以及其他地区的物质组成，就需要通过月球陨石来进一步分析研究。

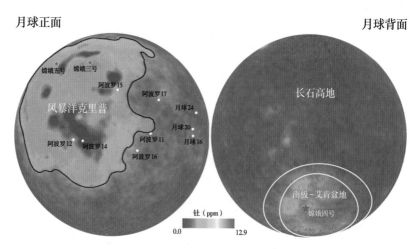

月球正面、背面的钍（Th）含量分布图。图中标出了"阿波罗号""月球号"和嫦娥任务的着陆点

　　我国的"嫦娥三号"落在了月球正面，"嫦娥四号"是人类历史上第一次抵达月球背面，而且还落在一个很大很深的撞击盆地里面。2020年12月，"嫦娥五号"从月球采样返回，科学家们终于有新的样品认识月球了。

　　2020年有三次火星发射任务，分别是美国的"毅力号"、阿联酋的"希望号"和我国的"天问一号"，三个火星探测器都是做遥感探测方面的工作，并不会带回火星样品。目前火星陨石是我们

"嫦娥四号"着陆器

1979年在南极发现的火星陨石（编号 EETA 79001），红圈处是小行星撞击火星表面时产生的玻璃，其中的气泡包裹了当时的火星大气样品

唯一能够得到的火星岩石样品。

实际上，火星陨石发现很早，确认很晚。第一块火星陨石于1815年掉落在法国，当时只觉得这块陨石很特殊，因为没有火星样品来对比，所以并不能确定它就是来自火星。

我们可以通过测量岩石的放射性同位素组成（如U同位素的衰变）测定岩石的年龄。今天的火山喷发形成石头的年龄是零，小行星陨石的年龄都是45亿年，月球岩石的年龄范围为

30亿至40多亿年。

这些火星陨石的年龄是13亿年，甚至是更年轻的2亿年，这说明它们来自一个比月球更大的天体，但是仅仅根据这一点还不能确定它来自火星。

将这块火星陨石切开后，科学家发现里面有玻璃质的黑点，这是小行星撞击火星时在高温条件下形成的玻璃，玻璃气泡中包裹有火星气体，其分析结果与1976年"海盗号"对火星大气的分析结果完全一样，这就证明这个陨石确实来自火星。

目前已经发现的火星陨石共有360块，重达326千克，我们对火星的认识很大程度上依赖于对火星陨石的研究。

为什么大家那么关心火星呢？

很多人认为火星上有生命。1996年，美国NASA科学家还声称，在下图这块ALH 84001的火星陨石中找到了生命存在的证据，并引发争论。现在基本认为之前的证据或是地球上的污染，或是样品制备过程人为产生的。

不管怎么说，对火星形貌等方面的探测发现，火星上应该曾经

火星陨石 ALH 84001

存在过河流、湖泊甚至古海洋，而且目前在火星大气中也存在一些甲烷，也就是说火星至少曾经具备过满足生命存在的基本条件。

正在进行的火星探测计划，以及未来的任务，都仍把生命的探测作为最重要的目标。

研究火星生命的另一途径是研究火星的环境变化，即判断它是否宜居，其中一个思路是通过火星陨石进行相关研究。

形成火星陨石的岩浆冷却之后，岩石与地下水相互作用，因此记录了那个时候火星地下水的信息，这里我们关心水的氢同位素组成，也就是D/H（氘/氢）的比值。这个比值可以区分火星上的水与地球上的水相比是轻还是重，相当于水的指纹。

我们说火星以前有水，但现在表面上没有流动的水，因此有一部分水是逃进太空了。逃走的水越多，留下的水就越重，即D/H比

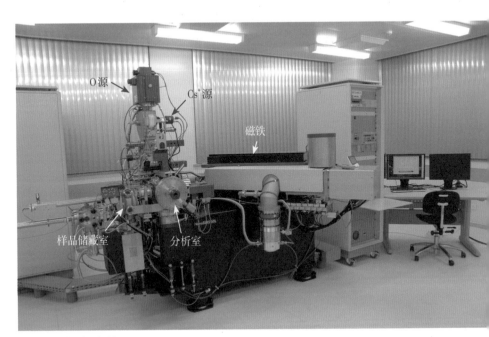

分析技术：纳米离子探针

值越大。因此，测出火星地下水的 D/H 比值很重要。

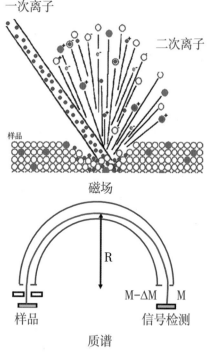

一次离子

二次离子

样品

磁场

R

M-ΔM M

样品

信号检测

质谱

我们将火星陨石切开，磨成薄片来研究，发现其中有两处含水量比较高，其中一处是橄榄石晶体捕获的岩浆，即玻璃质包裹体，另一处是含水矿物磷灰石。

由于要分析的样品非常小，我们使用了中国科学院地质与地球物理研究所的纳米离子探针设备。

这个仪器会形成一个细小到50纳米的离子束，用它去轰击样品的表面。轰出来的离子通过一个磁场时会发生偏转。质量小的偏转大，所以不同质量的离子就能分开，然后用接收器分别记录信息的强弱。这样就能得到样品的水含量和 D/H 比值。

磷灰石的实验结果显示当时火星岩浆中的水含量很低，大概是地球的十分之一，也就是说火星很干。玻璃包裹体反映了火星内部的水与火星地表水的混合结果，据此我们知道火星地表水的氢同位素组成很重，比地球大洋水约重7倍，说明有非常多的水逃离了火星。

我们认为在大概30多亿年前火星地表还有流水。火星逐渐变冷的过程中，一部分水跑掉了，一部分水变成了地下冰川和冻土。如果距今2亿年前有岩浆喷出，带来的热量可以使地下冻土和冰川融化形成水，这可以形成一个有利于生命存在的环境。

从寻找散落的星星，到对这些星星进行分析研究，再到主动去探测各种天体，并采集样品返回地球，陨石研究帮我们更好地认识了地球和整个太阳系的起源和演化。

随着技术的飞速进步，人类终究会走出地球这个摇篮，去发现新的大陆。

思考一下：

1. 我们可以从哪些特征分辨陨石的真假？
2. 飞向地球的陨石通常从哪里出发？我们又能在哪里找到它们？
3. 寻找"散落的星星"可以帮科学家们探索什么谜题？谈谈你的理解。

演讲时间：2020.7
扫一扫，看演讲视频

带球流浪太疯狂，不如寻找新地球

苟利军
中国科学院国家天文台研究员

从"地心说"到"暗淡蓝点"

今天，人类对星空的了解已经非常多了。然而，在600万年前，当人类刚出现在这个星球上时，我们仅拥有一双裸眼，只能在有限的视力范围中寻究宇宙的奥秘。

我们能看到太阳从东边升起、西边落下，也能看到月球等星球围绕着地球旋转，因此2000多年前的希腊哲学家提出了"地心说"。不仅如此，他们也试图拨开宇宙的最外层，一探宇宙运行的真正奥秘。可是，古时人类接触的信息范围相当有限，水又是那时主要的动力来源，所以当时人们认为水是驱动整个宇宙运行的主要能源之一。

1609年，意大利科学家伽利略发明了一种望远镜。一个偶然的夜晚，他将这个相当简陋的望远镜指向天空，看到了原以为非常完美实则坑坑洼洼的月球表面，还在木星周围发现了一系列卫星，而这些卫星并不围绕地球运转。伽利略的这些发现颠覆了当时盛行的"地心说"，却支持了认为太阳是宇宙中心的"日心说"。

伽利略发明的望远镜（复制品）

太阳　水星　金星　地球　火星　　木星　　　土星　　　　天王星　海王星

自此之后，天文学家们在伽利略望远镜的基础上不断改进，望远镜越造越大，人类能看到的距离也越来越远。除了最早为人所知的金星、木星、水星、火星、土星，人们还发现了天王星、海王星、冥王星等其他天体，也了解到太阳系边缘存在大量小行星。

更进一步，我们知道了太阳系并非静止不动，而是围绕银河系中心运转。在银河系中，我们也发现了越来越多美丽的天体和各种各样的星云。因为我们还不清楚这些天体距离我们多远，所以很难

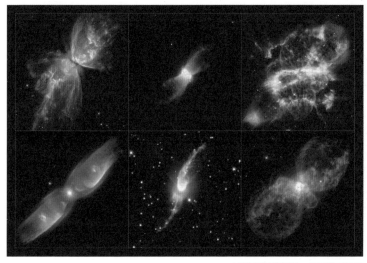

哈勃望远镜拍摄的一系列星云图像

仙女座大星云，摄于叶凯士天文台，约1900年

区分这些天体是位于银河系之内还是银河系之外。

在相当长的时间里，人们一直争论着银河系在宇宙中的地位：银河系到底是整个宇宙的缩影，还是仅仅是宇宙中一个微不足道的天体。这场争论从伽利略发明望远镜开始，一直持续了几百年。

20世纪20年代，美国天文学家爱德文·哈勃利用2.5米口径望远镜观测了距离地球最近的星云——仙女座大星云。经过测算，仙女座大星云与地球之间的距离远比当时人们所知道的银河系尺度更大，因此它是银河系之外的另一个星系。这一结果确认了银河系只是整个宇宙中的一个小小天体。

到目前为止，借助望远镜、探测器等各种手段，人类已经了解宇宙诞生于138亿年之前，宇宙的尺度大约为1000亿光年，非常浩瀚和广大。然而，整个宇宙包含多少个星系？在哈勃之后的很长一段时间内，没有人能解答这个问题。

直到1990年，美国的哈勃望远镜发射升空，我们才得到答案。1995年12月，哈勃望远镜对天空中一个看似没有任何天体的区域进行了长达10天的连续观测，得到了左图。

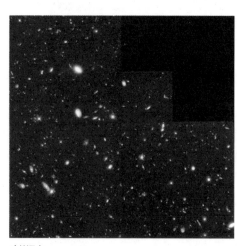

哈勃深空

在图中，我们可以看到大小各异的斑点，它们不是恒星而是一个个远近不同的星系，和我们的银河系类似。经过计算，天文学家了解到宇宙中存在千亿个星系，每个星系又包括千亿颗恒星。最终推算出的结果是整个宇宙大约有 10^{22} 颗恒星。这是一个难以想象的庞大数字。做一个简单的比较，地球上总共有 10^{18} 粒沙子，而宇宙中恒星的数目远比地球上的沙粒更多，可见宇宙是何等浩瀚辽阔。

1977年，"旅行者1号"探测器在美国佛罗里达州发射升空。历经13年飞行，它于1990年到达距离地球约60亿千米的位置，此时它距离太阳系边界还有一半的旅程。

在当时"旅行者1号"拍摄的照片中，有一张上面记录了一颗小小的白色圆点，这就是地球。后来，美国天文学家卡尔·萨根将这张照片中的地球称为"暗淡蓝点"。

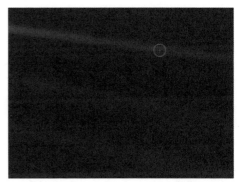

"暗淡蓝点"

我们是宇宙中的孤独生命吗？

所有人类和其他生物都寄居于地球，但在整个宇宙中，我们的星球非常渺小，如同一粒悬浮的尘埃，随时都有可能被摧毁。宇宙中恒星不计其数，每颗恒星周围都有可能存在与太阳系类似的系统。那么，宇宙中其他星球上会不会也存在着智能生命？

我们在宇宙中是孤单的吗？自20世纪初，人们不断追问这个问题，关于外星人的流言也层出不穷。1988年，美国的91米口径绿岸射电望远镜因为突然丢失了关键组件而倒塌了。新闻记者非常兴奋，认为这可能是外星人所为，目的是不想让地球人发现它们的存在。还有一些其他的传说，比如地球人被外星人劫持用作研究，最后又被放回地球；美国科技发达是因为有外星人的帮助；外星人作为实验对象被关在美国的51区……

这些说法都是杜撰的。地球上是不是真的有外星人？我们称一个人"外星人"，通常是因为他的能力在某个方面远远超过普罗大众，真正的外星人其实并未被发现。

倒塌的绿岸射电望远镜

对外星人的科学思考

对于外星生命的真正科学思考可以追溯到20世纪50年代。有一天，美国科学家费米在和同事吃午饭时，听见大家都在谈论外星人事件。作为知名物理学家，费米认为如果外星人真的存在，我们就可以简单估算出外星人被我们看到的概率。结果他发现，如果真有外星人，那么我们看到它们的概率极高。但实际上，除了这些杜撰的传说，并没有什么关于外星人存在的可靠证据。

费米的这一发现被称为"费米悖论"。对于费米悖论，人们也有不同看法。有人认为，外星人如果能够造访地球，就说明它们的科技非常发达，那么它们很有可能选择隐藏自己，不被地球人发现。费米的思考激励了许多科学家，曾任

恩利克·费米

康奈尔大学教授的天体物理学家法兰克·德雷克认真且严肃地思考过费米悖论后，写下了德雷克方程。

$$N=R_* \times f_p \times n_e \times f_l \times f_i \times f_c \times L$$

其中：

N 代表银河系内可能与人类通信的文明数量；

R_* 代表银河内恒星形成的数量；

f_p 代表恒星有行星的可能性；

n_e 代表可能发展出生命的行星的平均数；

f_l 代表以上行星发展出生命的可能性；

f_i 代表演化出高智生命的可能性；

f_c 代表该高智生命能够进行通信的可能性；

L 代表该高智文明的预期寿命。

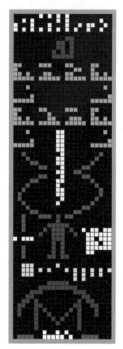

阿雷西博信息

这个公式包含很多变量，可以简单分为两大类：什么地方可以寻找到智能生命和什么因素会影响智能生命的产生。

德雷克也采取了一些实际行动，他创立了"搜寻地外文明计划"（SETI），其总部位于加利福尼亚大学伯克利分校。自20世纪60年代起，他一直利用各种射电望远镜搜寻太空中的生命。此外，他还提出人类应该主动发射一些信号联系外星人。1974年，他向一个球状星团发射了一束信号——阿雷西博信息。这个球状星团距离地球大约25000光年，而从1974年到现在也仅过去了不到50年，这个信号还在传输的过程中，大约还需要2万多年才能到达球状星团。即使那个球状星团中真的有可以回应我们的生命，我们也还需要漫长的等待。

"新地球"在哪儿？它又该是什么样？

"行星猎手"开普勒探测器模型

茫茫宇宙，地外生命肯定存在于行星之上。经过几十年努力，天文学家终于在20世纪90年代初找到了第一批地外行星。到目前为止，我们已经发现了超过5000颗系外行星，美国的开普勒探测器功不可没，它也因此被誉为"行星猎手"。

并非所有行星都具备生命存在的条件。迄今为止，太阳系中只有地球上存

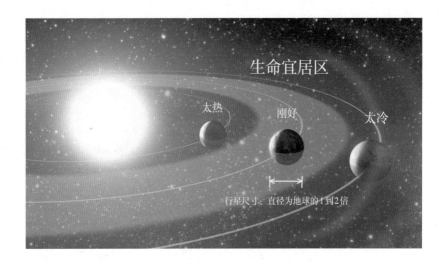

生命宜居区

太热　刚好　太冷

行星尺寸：直径为地球的1到2倍

在生命。那么，什么样的星球才可能孕育生命呢？根据对地球生命的了解，只有存在液态水的星球才可能成为生命的滋生地。由此推断，这颗行星不能距离中间的恒星太近，否则过热的温度会导致所有液态水都变成气态。它也不能距离恒星太远，不然这颗星球肯定十分寒冷，也无法支持生命存在。所以，这颗星球必须处于合适的位置。上图中，绿色区域代表极有可能诞生生命的区域，叫作"生命宜居区"。

目前，科学家已经发现了一系列位于这种区域的行星。2016年，科学家在比邻星周围发现了一颗类地行星，其位置刚好位于恒星的生命宜居区中，有可能支持生命的存在。比邻星是距离地球或者说太阳系最近的一颗恒星，它离我们只有4.2光年，因此被称为"比邻星"。

2017年，科学家发现了另一个这样的行星系统，距离地球大约40光年。这个行星系统中有7颗类似地球且大小相近的行星，科学家将其命名为"TRAPPIST-1"。这个系统中的3颗行星e、f、g位于恒星生命区中。

截至目前，科学家在系外行星中共发现20多颗行星有可能支持生命的存在。这些行星将是接下来科学家的重点考察对象。

TRAPPIST-1 行星系统的艺术想象图

不断出发，追寻地外生命

　　寻找生命最简单的方式就是直接登陆这个星球，但在太阳系中，人类目前只能抵达月球。好在，我们可以通过发射探测器探究其他星球上到底有没有生命。离我们越近的星球被探索的次数就越多，反之亦然。探测器越想抵达更远的地方，需要的能量、花费的经费就越多，这也限制了人类对遥远星球的探索。

　　在所有星球中，我们对火星最感兴趣。天文学家及其他科学家研究发现，火星在几十亿年之前与地球十分相似，它的自转轴倾斜角度几乎和地球一样。这意味着火星应该存在明显的四季变化。

　　随着航天技术的发展，人类对火星的探测已有40余次。遗憾的是，尽管我们发射了许多火星探测器，但到目前为止并没有在火星上乃至太阳系中探测到任何生命迹象。

　　多数探测活动由政府支持，在欧美国家也有一些生命探测活动由商人支持。

"好奇号"火星探测器的"自拍"

以色列富商尤里·米尔纳联合脸书网（Facebook）创始人马克·扎克伯格成立了突破奖基金委员会，资助了好几项生命探测计划。其中有一项"突破摄星"计划，希望将微小的纳米级探测器以1/5光速发射到太空，预计大约20年时间抵达距离地球最近的比邻星，之后探测比邻星上有没有外星生命存在。然而，这项计划最大的难点在于要将探测器加速到1/5光速（每秒6万千米），现在的航天技术还远远达不到这种水平。目前最快的航天器速度也只有每秒70千米左右，所以这项计划至少还需要二十年的准备。

突破奖基金委员会还支持了"突破倾听"计划，该项目于2016年正式启动。有了基金委员会的支持，"搜寻地外文明计划"与一些最先进的望远镜达成了合作，参与计划的望远镜包括澳大利亚的64米口径帕克斯射电望远镜，美国的100米口径绿岸射电望远镜（倒塌后复建），以及世界上最大的单口径射电望远镜——中国的500米口径球面射电望远镜（FAST）。

遗憾的是，到目前为止我们并没有搜寻到任何外星生命的迹象，但我们相信外星生命就存在于宇宙的某个角落。人类诞生于600万年前，而地球已经存在了40多亿年，这颗星球90%的生物经历了从诞生到消亡的过程。

人类的命运又将如何？有科学家估计，大约再过200万年，地球的温度以及环境可能就不再适合人类居住。所以，我们的未来肯定在宇宙的星辰大海中，我们目前所做的就是在为人类的未来做准备。

思考一下：

1. 我们认识到自己在宇宙中的位置是一个漫长的过程，你从中获得了什么启示？
2. 能成为"新地球"的星球需要具备哪些条件？
3. 你知道哪些人类向其他星球发射的探测器？

演讲时间：2018.6
扫一扫，看演讲视频

图片来源说明

6　File: CERN LHC CMS 15.jpg-SimonWaldherr-Wikimedia Commons

11　File: Orion Head to Toe.jpg-Rogelio Bernal Andreo-Wikimedia Commons

20—25　讲者供图

26上　File:Subaru Telescope (840A5789-CC).tiff-International Gemini Observatory/NOIRLab/NSF/
　　　AURA-Wikimedia Commons

26下　讲者供图

27—28　讲者供图

32—33　File:Starsinthesky.jpg-ESA/Hubble-Wikimedia Commons

36上　毛益明、王瑞拍摄及处理，使用兴隆站科普望远镜

36下　NASA/JPL-Caltech/ESO/R. Hurt

41上、中　陈颖为拍摄

41下　陈颖为拍摄，毛益明处理

42左　File:Orion 3008 huge.jpg-Mouser--Wikimedia Commons

44上左　张君波、毛益明拍摄，李硕处理，使用兴隆站85厘米望远镜

44下　NASA/CXC/M.Weiss

45左　File:Black hole - Messier 87 crop max res.jpg- European Southern Observatory (ESO)-
　　　Wikimedia Commons

45右　Chris Mihos (Case Western Reserve University)/ESO

46　陈颖为拍摄

50、51上　讲者供图

51下　File:Size comparison between the E-ELT and other telescope domes.jpg-European Southern
　　　Observatory (ESO)-Wikimedia Commons

53上　讲者供图

53下　ESO/S. Kammann (LJMU)

54　讲者供图

55下　File:Potw1239a.jpg-European Southern Observatory (ESO)-Wikimedia Commons

57—61　讲者供图

63　讲者供图

68　木卫二、木卫三、木卫四-NASA/JPL-Caltech/SwRI/MSSS/Kevin M. Gill-Wikimedia
　　Commons；

70　Caltech/Palomar Observatory

71　File:All messier objects (numbered).jpg-Michael A. Phillips-Wikimedia Commons

73—74　讲者供图

77上　File:M31 09-01-2011 (cropped).jpg-Torben Hansen-Wikimedia Commons

77下　讲者供图

78　File:VST snaps a very detailed view of the Triangulum Galaxy.jpg–European Southern Observatory (ESO)–Wikimedia Commons

79上　Spacecraft: ESA/ATG medialab; Milky Way: ESA/Gaia/DPAC. Acknowledgement: A. Moitinho., CC BY–SA IGO 3.0

79下　讲者供图

81—82　讲者供图

87左　File:Deepening gravity well.png–Ksshd–Wikimedia Commons

88左　NASA/JPL–Caltech

88右　File:Black Hole Milkyway.jpg–nglish: Ute Kraus, Physics education group Kraus, Universität Hildesheim, Space Time Travel–Wikimedia Commons

90　NASA/JPL–Caltech

92　File:GW170817 spectrograms.svg–LIGO Scientific Collaboration and Virgo Collaboration–Wikimedia Commons

94　K. Cordes, S. Brown (STScI)

96　讲者供图

106　Nicolle R. Fuller/NSF

107左　File:JAK 2595 ACR236.jpg–Jackcc52–Wikimedia Commons

107右　File:South pole telescope nov2009.jpg–Amble–Wikimedia Commons

109　File:View inside detector at the CMS cavern LHC CERN.jpg–Tighef–Wikimedia Commons

110—111　讲者供图

118—119　ESO/L. Calçada/M. Kornmesser

120上　File:Newton's-apple.jpg–Alexander Borek–Wikimedia Commons

127　File:Wheat and chessboard problem.jpg–McGeddon–Wikimedia Commons

132—133　File:Sar2667 as it entered Earth's atmosphere over the north of France.jpg

134　File:Sar2667 as it entered Earth's atmosphere over the north of France.jpg–Wokege–Wikimedia Commons

135—136　讲者供图

137　File:A trace of the meteorite in Chelyabinsk.JPG–Uragan TT.–Wikimedia Commons

138-140　讲者供图

142　ESA/Hubble, M. Kornmesser

143上　File:NWA 4231 meteorite (14765361956).jpg–James St. John–Wikimedia Commons

144　NASA/JSC.

145　讲者供图

146上　中国国家航天局供图

148—149　讲者供图

154　File:Cannocchiale galileiano Museo scienza e tecnologia Milano 05.jpg–Alessandro Nassiri per